U0052016

宮本邦子的貼布縫小時光

33 件可愛質感風格拼布

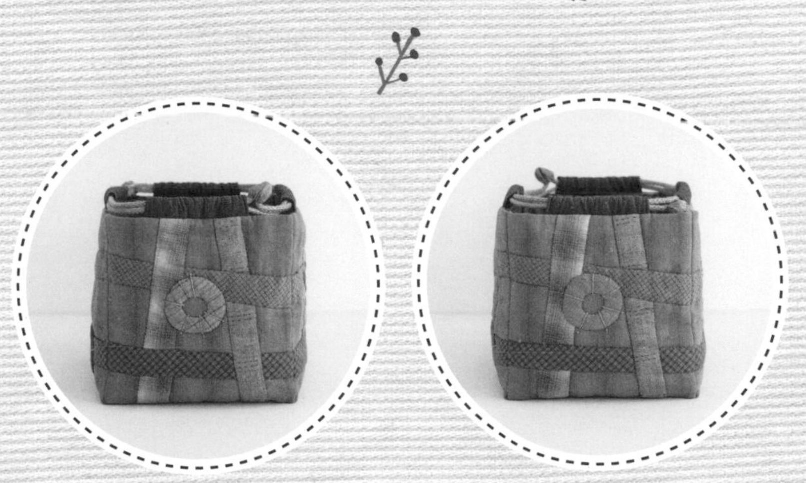

宮本邦子的貼布縫小時光

33件可愛質感風格拼布

宮本邦子的貼布縫小時光

33件可愛質感風格拼布

宮本邦子◎著

童年時，媽媽會親手編織或以縫紉機為我製作衣服。

跟在媽媽身邊，我也一邊看，一邊模仿，幫娃娃製作衣服。

應該就是從那個時候開始，喜歡上布料的觸感。

琳瑯滿目的布料，排列在眼前，思索著創作。

我最喜歡在決定設計及配色，進行裁剪後，開始縫製的那個瞬間。

每天拼縫一些作品，無論尺寸大小，

完成時的成就感，令人滿足。

希望閱讀本書的大家，也能感受到創作中的喜悅。

キルト・ルーム くうにん

宮本邦子

CONTENTS

1

玫瑰果托特包

以美麗的玫瑰綻放後，結出的玫瑰果，當作貼布縫的圖案，
剛剛好的收納空間，適合購物使用。

作法 P.30

包包背面附有口袋。

大人色系手提包

整體以灰色系為主的手提包，添加黃色營造優雅氣質。
寬口設計，方便拿取物品。

作法 P.34

背面設計像是圓球裝飾彩帶。

2

雨後散步手提包

即使成為大人，也想帶著雀躍的心情，漫無目的地走在雨後的街道。將腦海中的畫面化為貼布縫設計，柔軟蓬鬆的紅色提把，令人眼睛為之一亮。

作法 P.33

3

4

包包背面的裝飾圖案是佇立在街道入口處，
掛著燈籠的樹木。

郊外街道寬口包

帶著想在靜謐郊外打造個人住家的心情，設計包包的圖案。
因為沒有進行壓線，包包輕便，容易攜帶。
使用織帶連接袋口及把手，可維持包型，不易軟塌。

作法 P.40

5

多彩樹葉扁平包

使用繡線縫合裁剪樹葉形狀的布片，
初學者也容易上手的簡單貼布縫。
此包款不需放入鋪棉，就能輕鬆完成。

作法 P.62

背面設計是新生的雙片葉子。

不規則拼接花朵提包

沉穩中帶著清爽的配色，營造出時尚氛圍。
花朵圖案貼布縫，搭配不規則拼布的設計組合。

作法 P.36

6

帶有華麗感的紅色系花朵。

散發優雅氣息的紫色系花朵。

兒童玩樂
單提把包

包包四個面設計了精力充沛玩耍的
小孩們與小狗的圖案。
光是提著包包，心情就跟著愉悅了起來！

作法 P.38

7

後側圖案是小孩們的好夥伴——小狗的圖案。

兩側口袋裝飾了
孩子們正在遊玩的可愛圖案。

8

十字交叉 & 魚骨縫
迷你托特包

十字交叉圖案搭配魚骨縫，成為包包的設計重點。
尺寸小巧，寬側身設計，實際收納空間比視覺上來的大。

作法 P.46

背面附上大口袋。

風車
短背帶側背包

風車圖案並排的設計，微風好似陣陣吹拂而來。
實用且收納空間大的短背帶側背包。

作法 P.42

9

四角形拼接提包

收集了即使剩下小小一片，也不捨得丟掉的布料，
創作了有趣的包包。只要拼縫正方形布片就能完成，
是適合初學者的包款之一。

作法 P.50

10

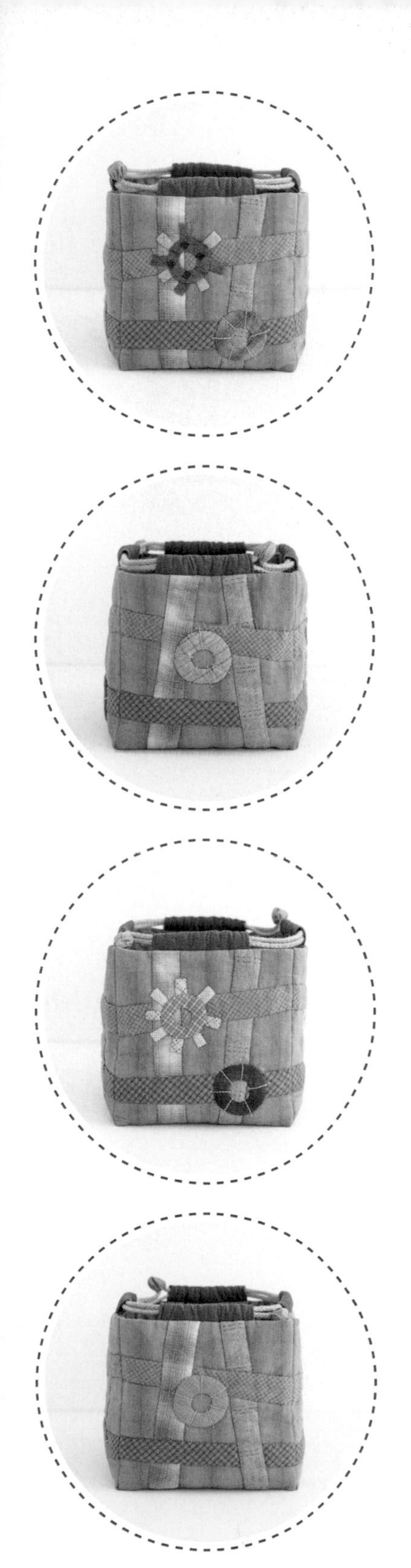

四面皆為不同圖案。

11

四角形束口包

環形及線條搭配的神祕圖案，非常美麗。
方形的底部設計，收納力十足，
適合平常外出使用或當作野餐時的便當袋。

作法 P.52

貓咪手機隨身包

智慧型手機及錢包用隨身包，
外出散步或是攜帶背包出門時都非常方便。
貼布縫是穿著圍裙的貓咪圖案。

作法 P.48

12

可放入智慧型手機及錢包。

13
14
15
16
HOUSE

有趣胸針

紅色格紋大門的房子裡，住著時髦的夫人及愛犬，
還有時不時出現的老鼠。
不同圖案的胸針，彷彿寫出了一則小故事。

作法 NO.13・NO.14／P.44 NO.15・NO.16／P.45

A-15

17

庭院風景束口袋

貼布縫設計是附有庭院的住家圖案。
束口袋的口布，看起來像是屋頂造型。
一起帶著包包出門走走吧！

作法 P.54

將玄關及庭院圖案縫合成束口袋。

天晴洗衣日波奇包

波奇包圖案設計，讓人想起適合曬衣的晴天。
寬幅的袋口，方便使用，
非常適合收納包包中的小物。

作法 P.56

18

背面是大樹圖案的貼布縫。

房屋波奇包

可愛小屋排成一列，呈現出鄉村小鎮氛圍。
令人想好好珍惜使用的基本款半圓形波奇包。

作法 P.60

19

背面貼布縫設計是
可愛的香菇造型房屋。

20

背面圖案也是設計重點。

筆記本包

外出攜帶小筆記本時，尺寸剛好，是無側身設計的扁平波奇包。
附袋蓋的口袋可以放入健保卡等卡片類物品。

作法 P.58

小狗波奇包

親人和可愛的表情，讓人愛不釋手的小狗圖案波奇包。
No.21是John，No.22是Pochi。

作法 P.66

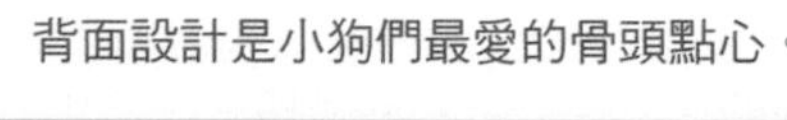

背面設計是小狗們最愛的骨頭點心。

21
LIP STICK
QUICK RELIEF
LIP THERAPY
22

23
24

動物波奇包

除了小狗之外，也製作了小熊及刺蝟造型的波奇包。
小熊包附上側身。刺蝟包以圓點取代刺，呈現柔和的感覺。

作法 NO.23 / P.72 NO.24 / P.73

松鼠抱枕

貼布縫的圖案是穿著格紋洋裝的松鼠，
使用羊毛製作抱枕。
設計重點是四個邊角上的毛絨絨大圓球。

作法 P.71

25

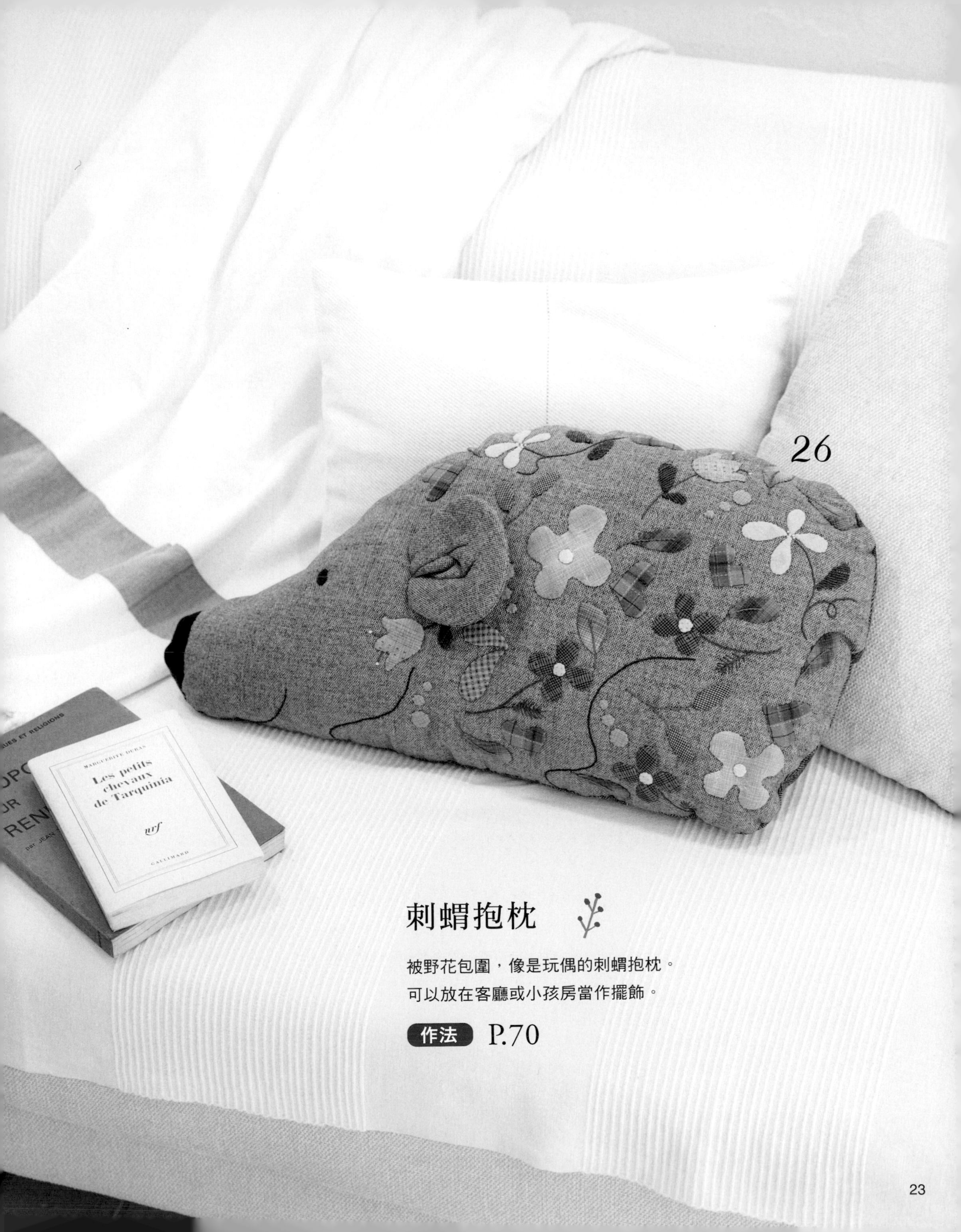
MARGUERITE DURAS
Les petits
chevaux
de Tarquinia
nrf
GALLIMARD

26

刺蝟抱枕

被野花包圍，像是玩偶的刺蝟抱枕。
可以放在客廳或小孩房當作擺飾。

作法 P.70

Things to Eat
bread
butter
jelly
eggs
milk
cake
cheese
meat
rolls
honey
cookies
pie
nuts
pudding

27

不規則拼接 小熊玩偶

前側身體部分使用不規則拼縫製作小熊玩偶。除了給小朋友當禮物外，擺放在房間內，也能帶給人放鬆療癒的感覺。

作法 P.68

28

鄉村生活風景掛毯

以雲朵及樹木接起三小幅不同風景的貼布縫，
製作成掛毯。將悠閒的鄉村風景留於空間中。

作法 P.63

餐墊 & 杯墊

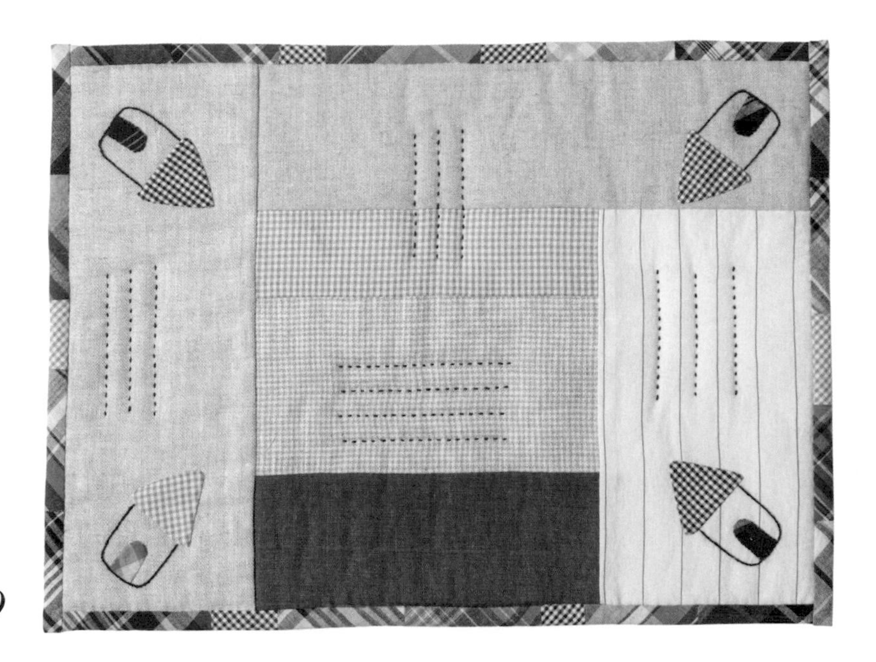

29

31

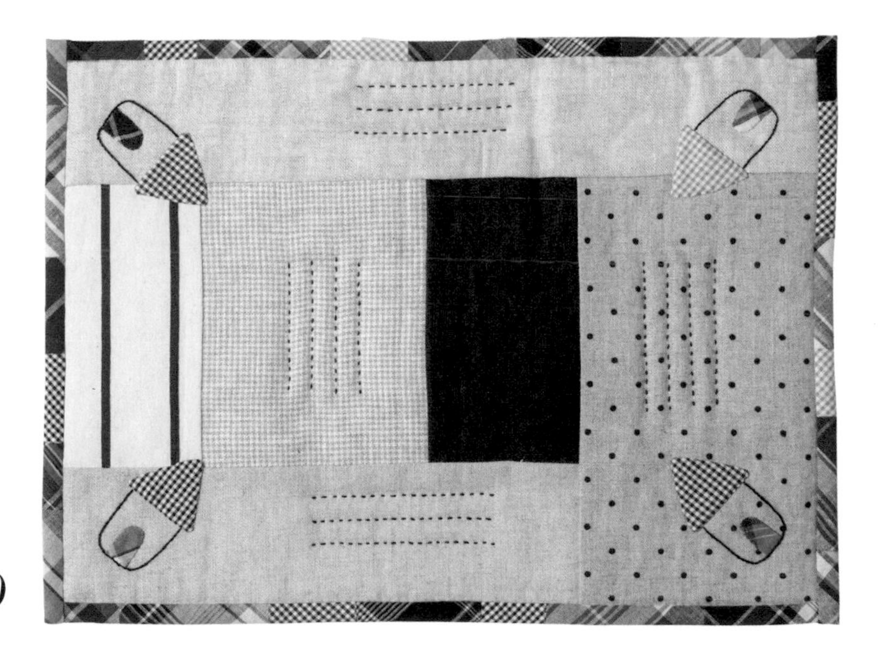

30

32

縫合素色、格紋、直條紋、圓點等簡單圖案的布料，
餐墊及杯墊使用平針繡呈現設計重點。
餐墊選用小房子、杯墊則以馬克杯圖案裝飾。

作法 NO.29・NO.30／P.75　NO.31・NO.32／P.67

桌布

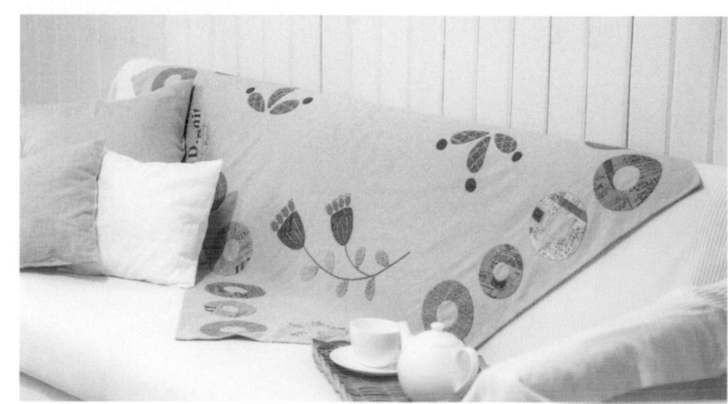

作為多用途布品，放在沙發上也很美！

33

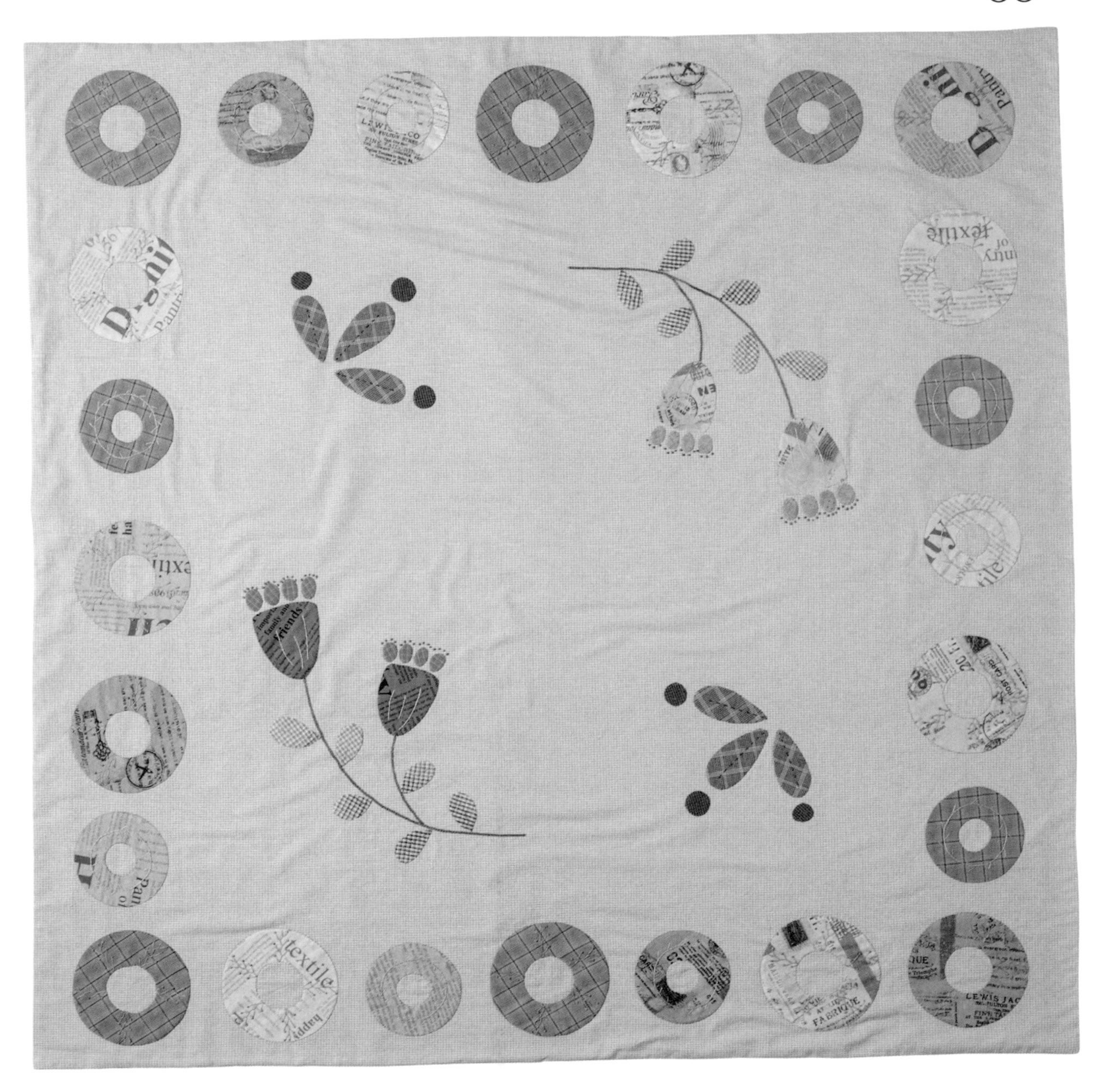

桌布圖案是圓圈搭配樸素花朵的雙層貼布縫。
使用中性色調，不會太過搶眼，能融入房間的氛圍。

作法 P.76

作品的作法說明

詳細作法的基礎參考P.77

※製圖、作法的數字單位為cm。
※製圖中未標記布紋的部分，刊載於紙型。
※25號繡線使用指定的股數，8號繡線使用1股線。

※製圖、原寸紙型不含縫份。
串珠縫份留0.7cm、貼布縫留0.3cm、其他縫份除了指定外，皆裁剪1cm。
※若有標示「直接裁剪」的布片則是包含縫份，直接依尺寸裁剪即可。

P.2 NO.1 玫瑰果托特包

材料

- 表布（淡棕色格紋）95cm 寬30cm
- 別布A（棕色素色）35cm 寬40cm
- 別布B（棕色格紋）60cm 寬55cm
- 貼布縫用布適量
- 帶膠鋪棉 95cm 寬60cm
- 裡布（米色印花布）95cm 寬55cm
- 25號繡線（綠色、抹茶綠、棕色、深綠色）

※別布B的斜紋布是7cm 寬65cm。
※袋布統一以1cm至3cm左右的間隔為準，進行波浪形狀壓線。

原寸紙型A面・黑色

袋布1片（表布・帶膠鋪棉・裡布）

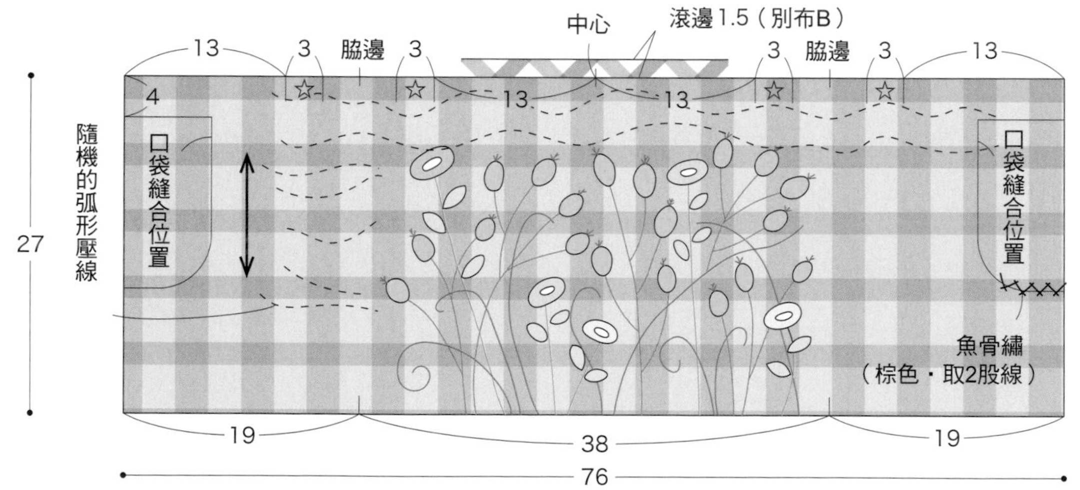
中心
滾邊1.5（別布B）
13
3
脇邊
3
13
13
3
脇邊
3
13
4
隨機的弧形壓線
口袋縫合位置
27
口袋縫合位置
☆＝抓褶
魚骨繡
（棕色・取2股線）
19
38
19
76

口袋1片
（表布・帶膠鋪棉・裡布）

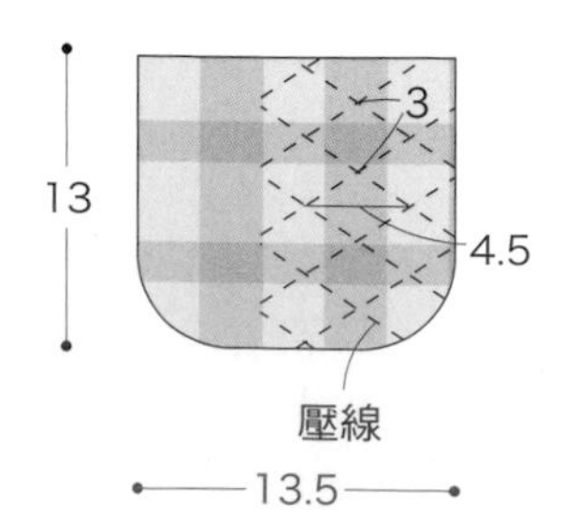
3
13
4.5
壓線
13.5

底部1片（別布B・帶膠鋪棉・裡布）

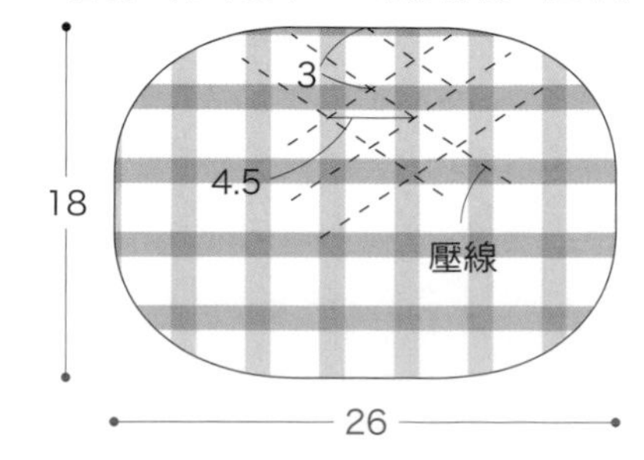
3
4.5
18
壓線
26

提把2條
（別布A 4片・帶膠鋪棉2片）

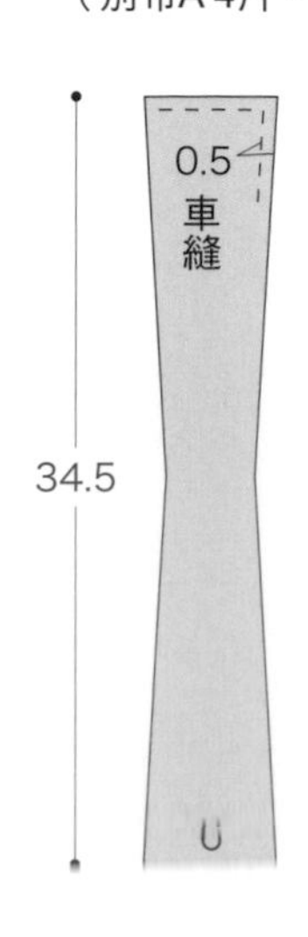
0.5
車縫
34.5

1. 袋布製作貼布縫、刺繡、進行壓線。

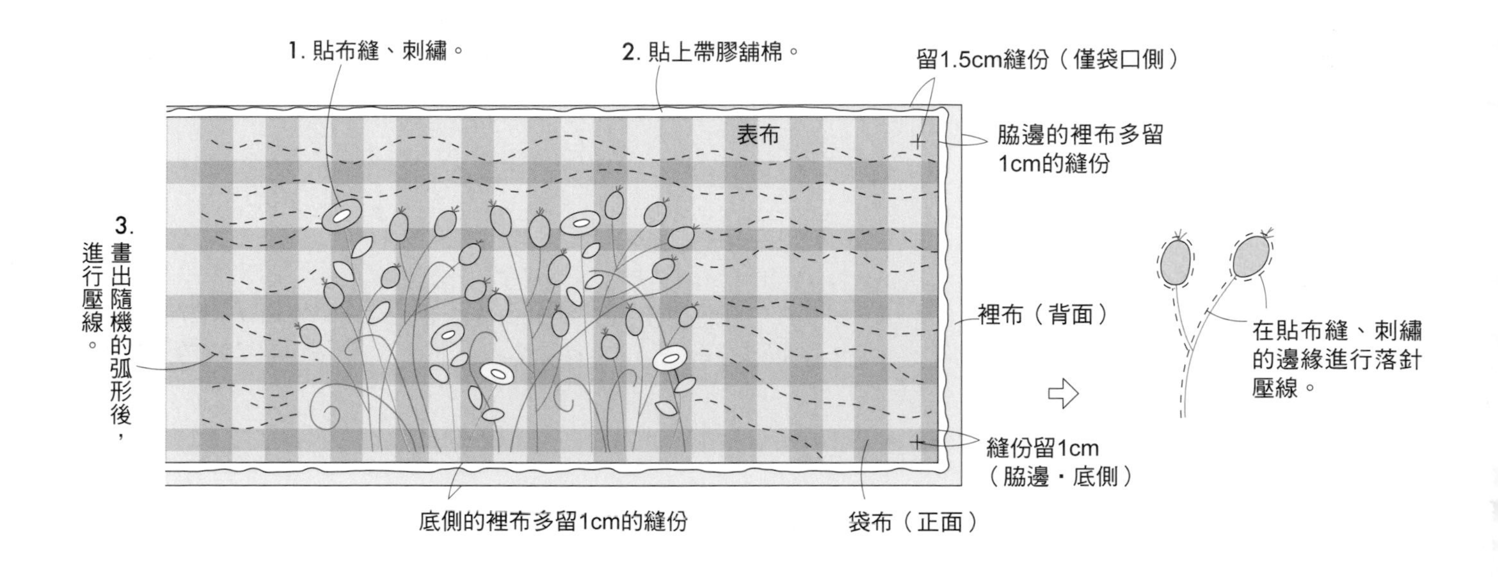

1. 貼布縫、刺繡。
2. 貼上帶膠舖棉。
留1.5cm縫份（僅袋口側）
表布
脇邊的裡布多留1cm的縫份
3. 畫出隨機的弧形後，進行壓線。
裡布（背面）
在貼布縫、刺繡的邊緣進行落針壓線。
縫份留1cm（脇邊・底側）
底側的裡布多留1cm的縫份
袋布（正面）

2. 縫合袋布的脇邊。

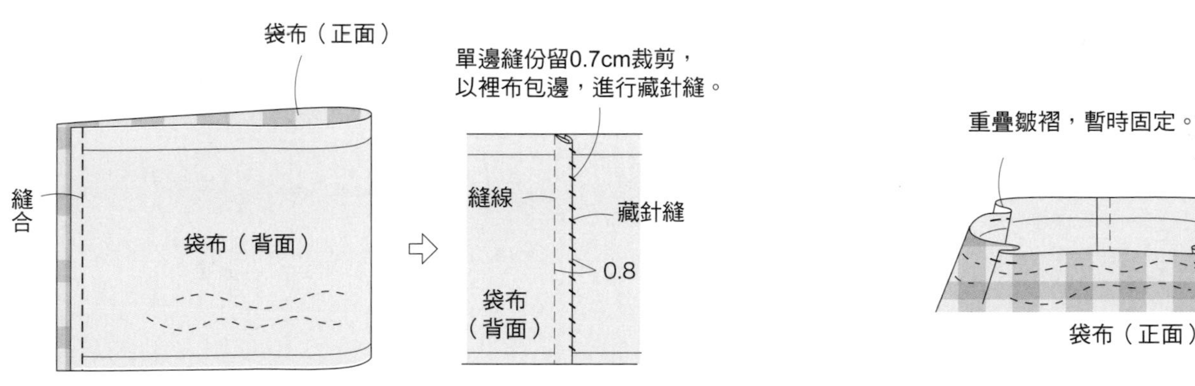

袋布（正面）
縫合
袋布（背面）
單邊縫份留0.7cm裁剪，以裡布包邊，進行藏針縫。
縫線
藏針縫
0.8
袋布（背面）

3. 袋口抓褶。

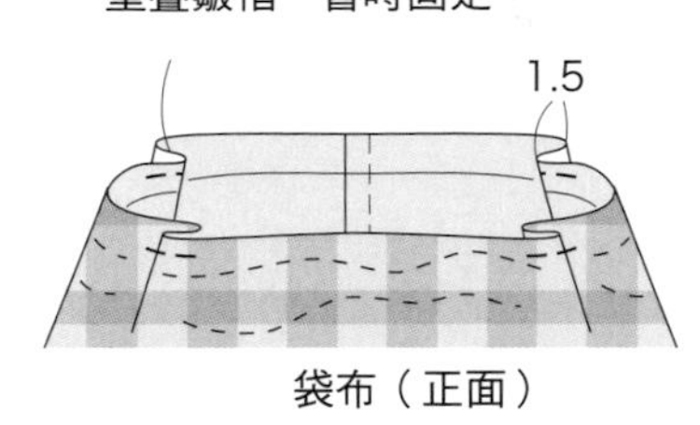

重疊皺褶，暫時固定。
1.5
袋布（正面）

4. 底部進行壓線。

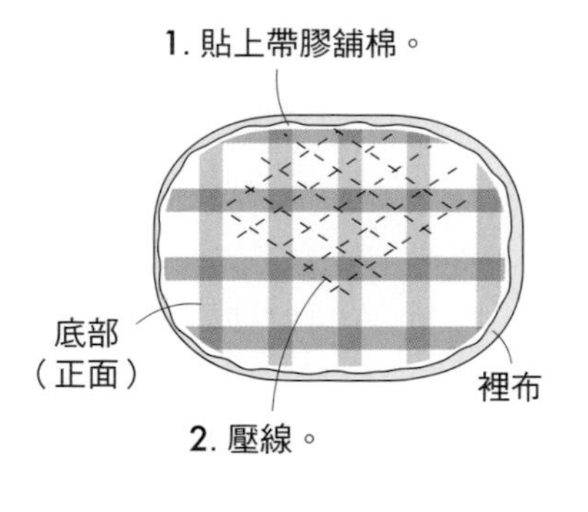

1. 貼上帶膠舖棉。
底部（正面）
裡布
2. 壓線。

5. 縫合袋布與底部。

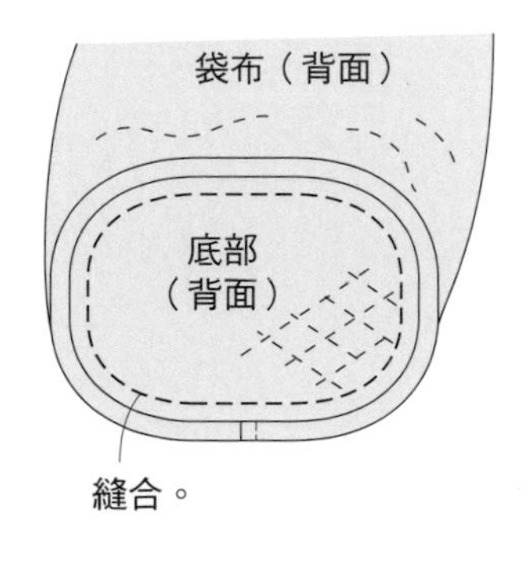

袋布（背面）
底部（背面）
縫合。

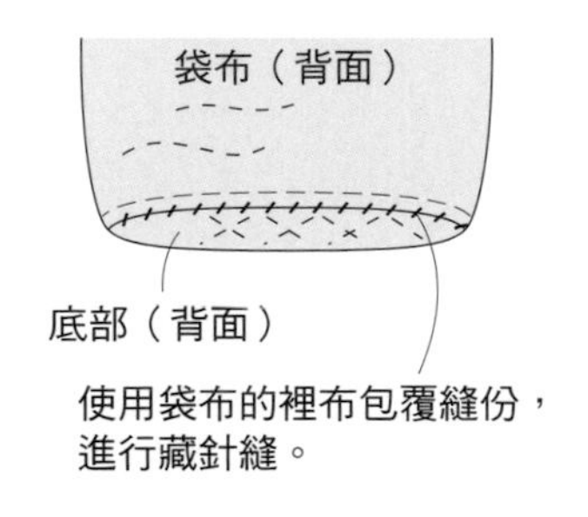

袋布（背面）
底部（背面）
使用袋布的裡布包覆縫份，進行藏針縫。

※接續下頁

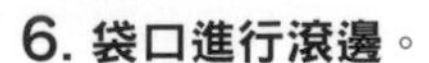

6. 袋口進行滾邊。

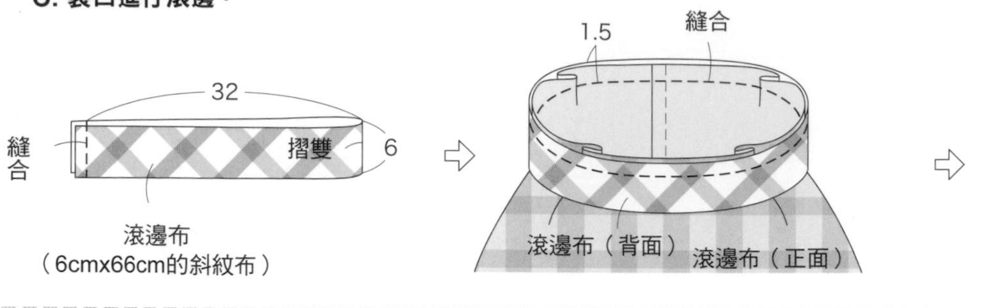
32
縫合
摺雙
6
滾邊布
（6cmx66cm的斜紋布）
1.5
縫合
滾邊布（背面）
滾邊布（正面）

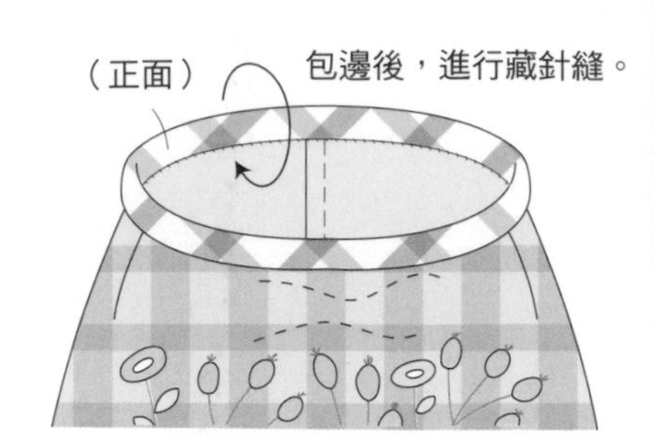
（正面）
包邊後，進行藏針縫。

7. 製作口袋。

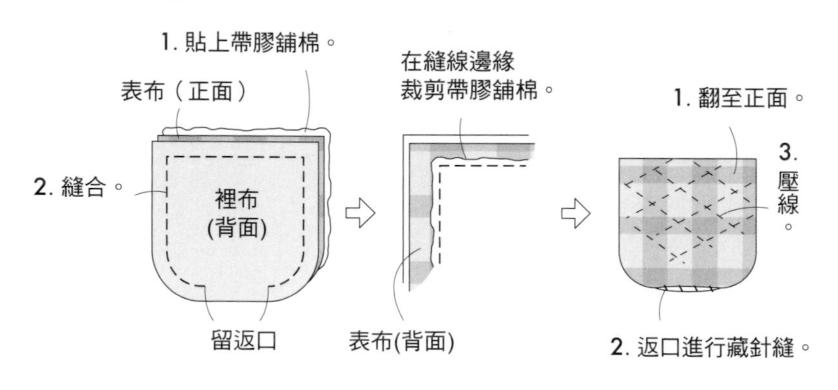
1. 貼上帶膠鋪棉。
表布（正面）
2. 縫合。
裡布
(背面)
留返口
在縫線邊緣
裁剪帶膠鋪棉。
表布(背面)
1. 翻至正面。
3. 壓線。
2. 返口進行藏針縫。

8. 袋布加上口袋。

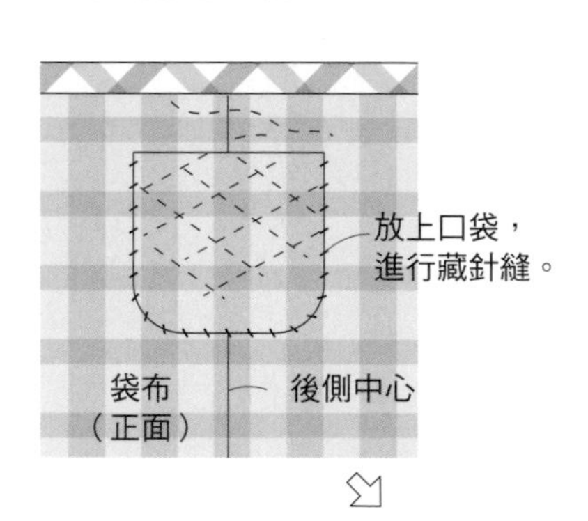
放上口袋，
進行藏針縫。
袋布
（正面）
後側中心

9. 製作提把。

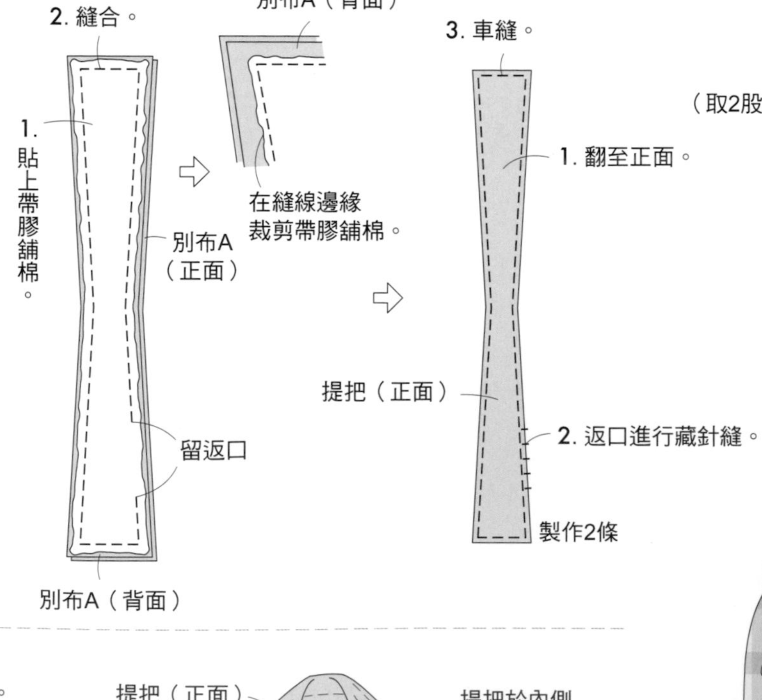
2. 縫合。
1. 貼上帶膠鋪棉。
別布A（正面）
留返口
別布A（背面）
別布A（背面）
在縫線邊緣
裁剪帶膠鋪棉。
3. 車縫。
1. 翻至正面。
提把（正面）
2. 返口進行藏針縫。
製作2條

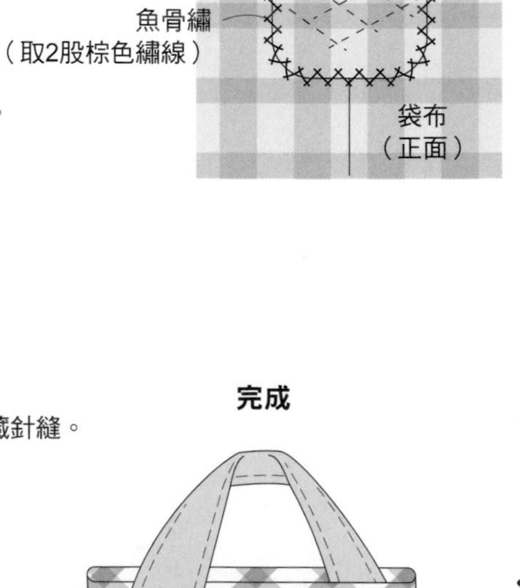
魚骨繡
（取2股棕色繡線）
袋布
（正面）

完成

28.5
18
26

10. 袋布裝上提把。

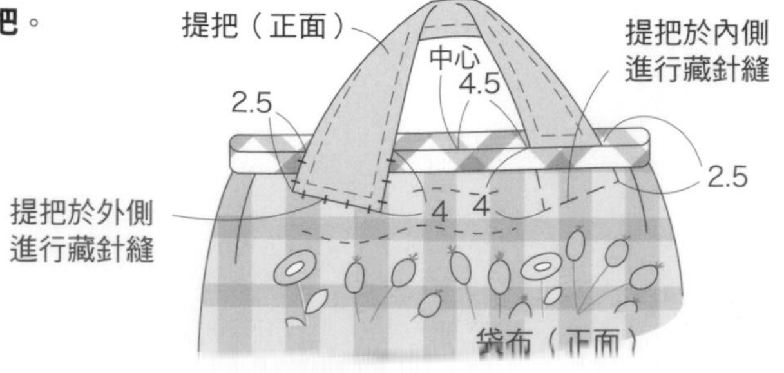
提把（正面）
中心
4.5
2.5
提把於內側
進行藏針縫
2.5
提把於外側
進行藏針縫
4
4
袋布（正面）

雨後散步手提包

材料

- 表布（米色亞麻布）75cm 寬40cm
- 別布（紅色素色）25cm 寬40cm
- 貼布縫用布適量
- 舖棉 38cm 寬30cm
- 裡布（米色印花布）75cm 寬40cm
- 25號繡線（綠色、淡棕色、胭脂紅）

原寸紙型A面・黑色

袋布2片（表布・裡布）

提把縫合位置
中心
5
表布
37
僅前片進行貼布縫刺繡
3
2.5
2.5
32

提把2片（別布・舖棉）

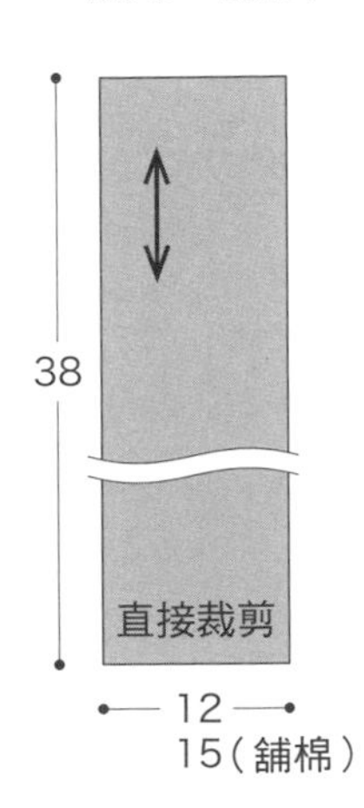

38
直接裁剪
12
15（舖棉）

1. 袋布進行貼布縫、刺繡。

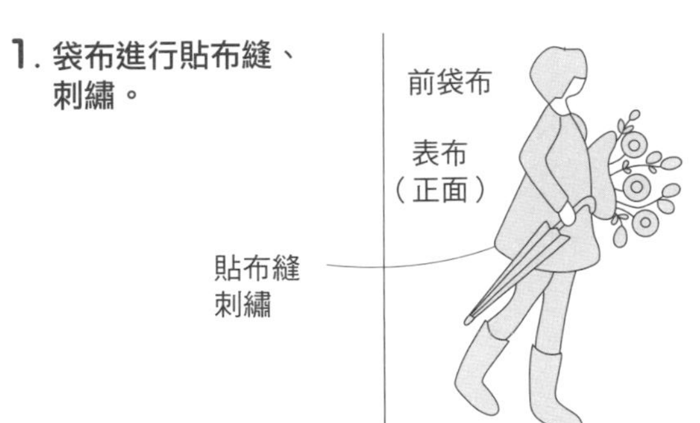

前袋布
表布
（正面）
貼布縫
刺繡

2. 縫合袋布的脇邊、底部及側身。

3. 縫合裡布的脇邊、底部、與側身。

4. 製作提把。

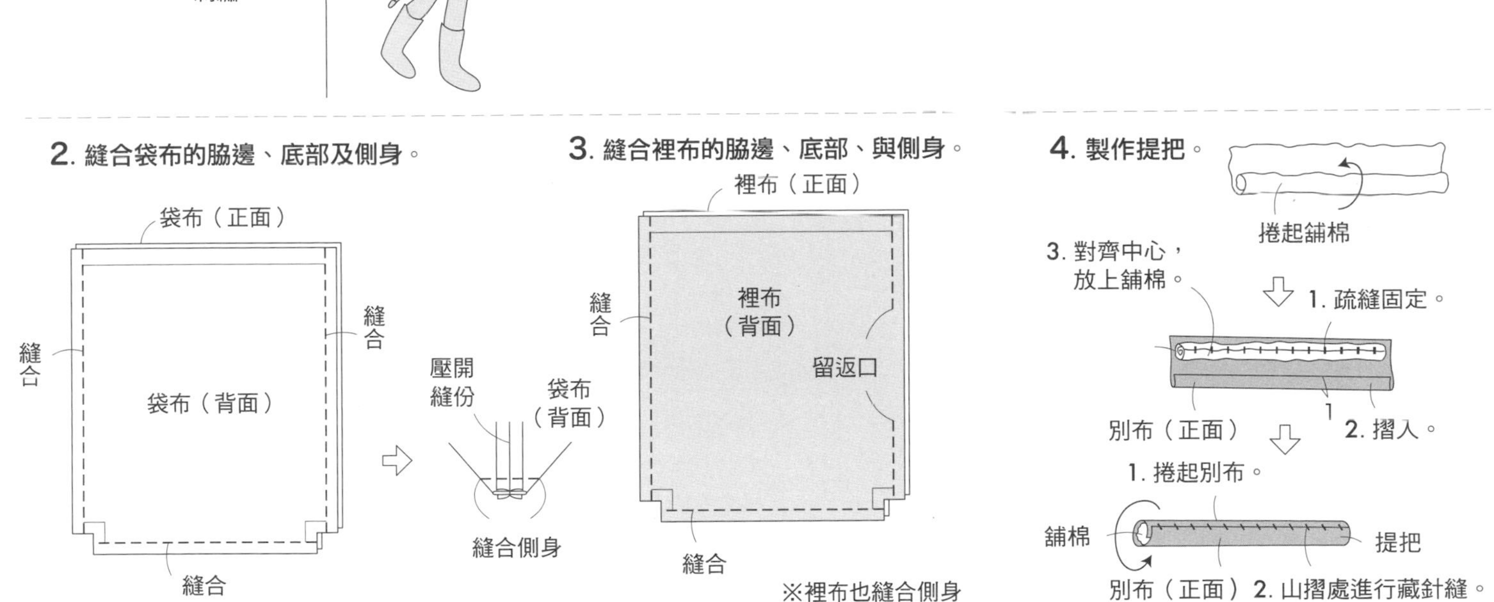

袋布（正面）
縫合
縫合
袋布（背面）
縫合
壓開
縫份
袋布
（背面）
縫合側身
裡布（正面）
縫合
裡布
（背面）
留返口
縫合
※裡布也縫合側身
捲起舖棉
3. 對齊中心，
放上舖棉。
1. 疏縫固定。
別布（正面）
1
2. 摺入。
1. 捲起別布。
舖棉
提把
別布（正面）
2. 山摺處進行藏針縫。

5. 袋布加上提把。

6. 袋布與裡布對齊，縫合袋口。

7. 翻至正面。

完成

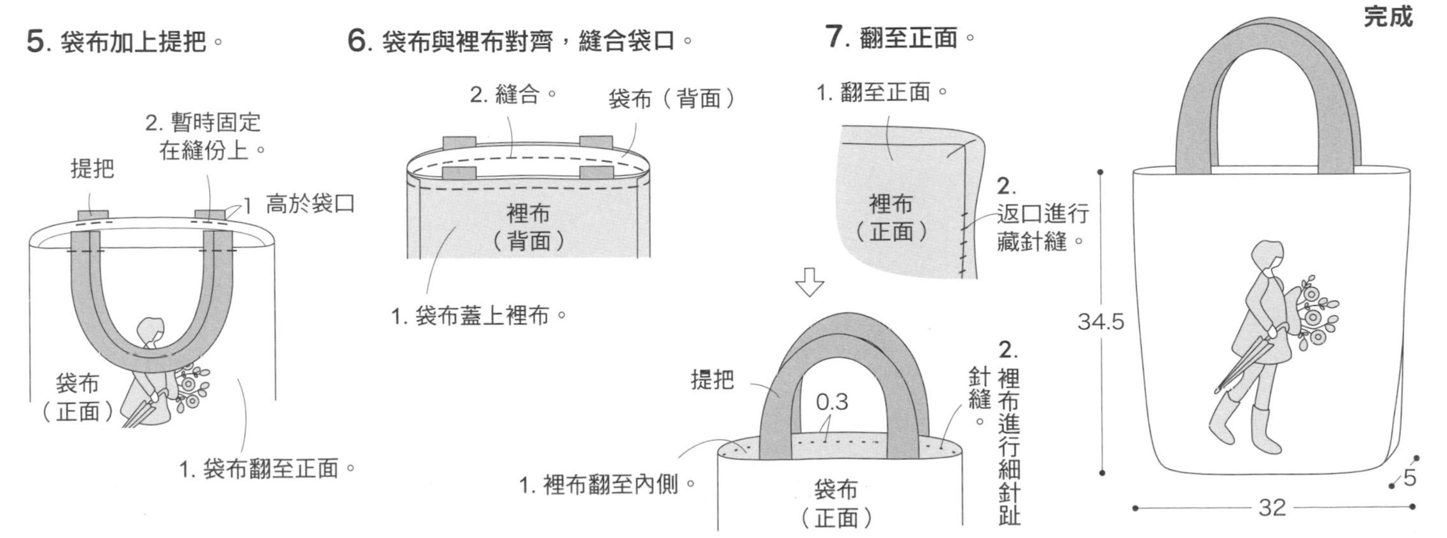

2. 暫時固定
在縫份上。
提把
1 高於袋口
袋布
（正面）
1. 袋布翻至正面。
2. 縫合。
袋布（背面）
裡布
（背面）
1. 袋布蓋上裡布。
1. 翻至正面。
裡布
（正面）
2.
返口進行
藏針縫。
提把
0.3
2.
裡布進行細針趾針縫。
1. 裡布翻至內側。
袋布
（正面）
34.5
5
32

P.3 NO.2 大人色系手提包

材料

- 表布（灰色素色）65cm 寬30cm
- 別布A（灰色圓點）35cm 寬30cm
- 別布B（灰色素色）30cm 寬40cm
- 別布C（深灰編織布）25cm 寬40cm
- 滾邊布（灰色格紋）3.5cm 寬90cm的斜紋布
- 貼布縫用布適量
- 帶膠鋪棉 75cm 寬60cm
- 裡布（灰色印花布）110cm 寬30cm
- 25號繡線（米色、淡綠色）
- 8號繡線（淡棕色）

原寸紙型B面・黑色

前袋布1片（表布・帶膠鋪棉・裡布）

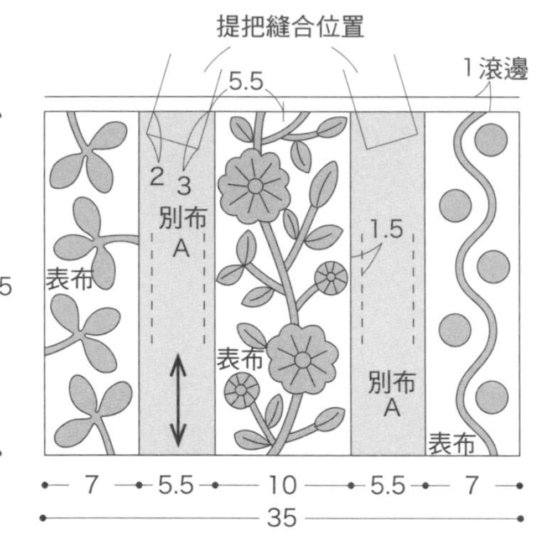

提把縫合位置
1滾邊
5.5
2
3
別布A
1.5
25
表布
表布
別布A
表布
7
5.5
10
5.5
7
35

後袋布1片（表布・帶膠鋪棉・裡布）

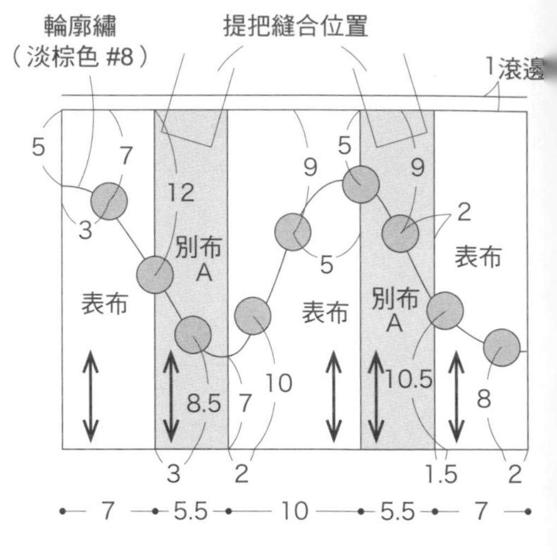

輪廓繡（淡棕色 #8）
提把縫合位置
1滾邊
5
7
3
12
別布A
表布
9
5
5
表布
9
別布A
2
表布
8.5
7
10
10.5
8
3
2
1.5
2
7
5.5
10
5.5
7

底部1片（別布B・帶膠鋪棉・裡布）

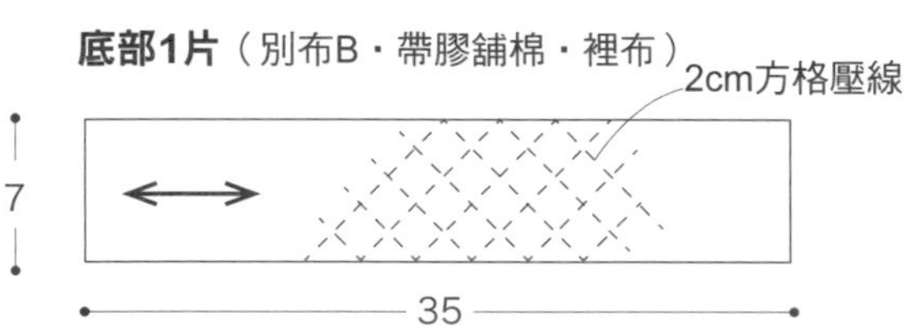

2cm方格壓線
7
35

側身2片（別布B・帶膠鋪棉・裡布）

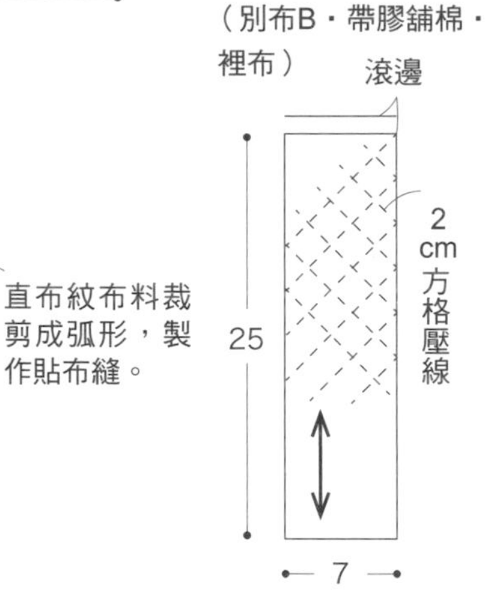

滾邊
2cm方格壓線
25
7

提把2條（別布C 4片・帶膠鋪棉2片）

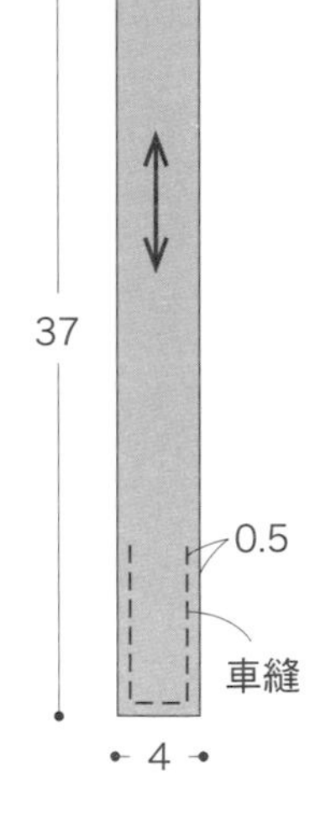

37
0.5
車縫
4

1. 袋布進行貼布縫、刺繡。

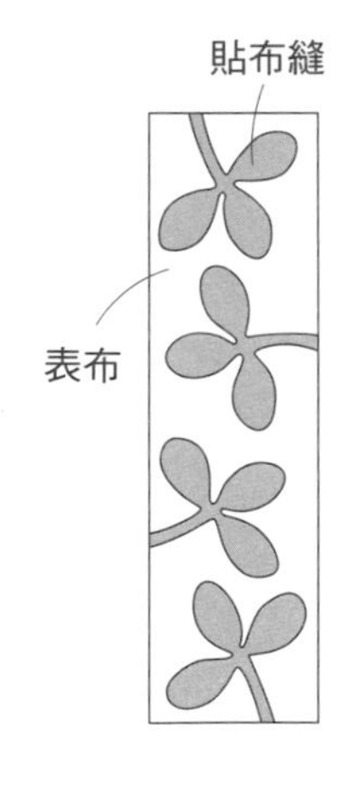

貼布縫
表布

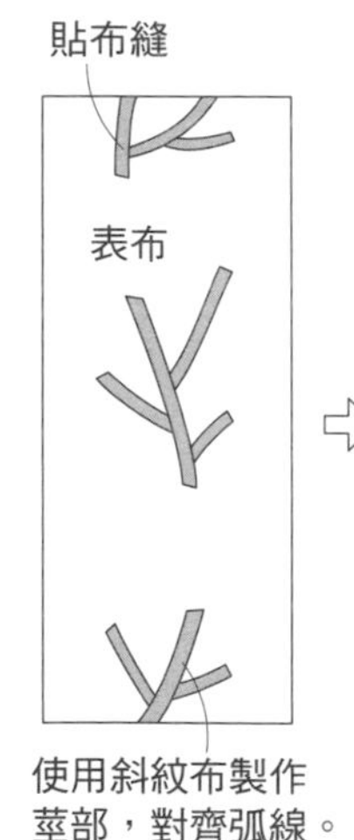

貼布縫
表布

使用斜紋布製作莖部，對齊弧線。

貼布縫、刺繡

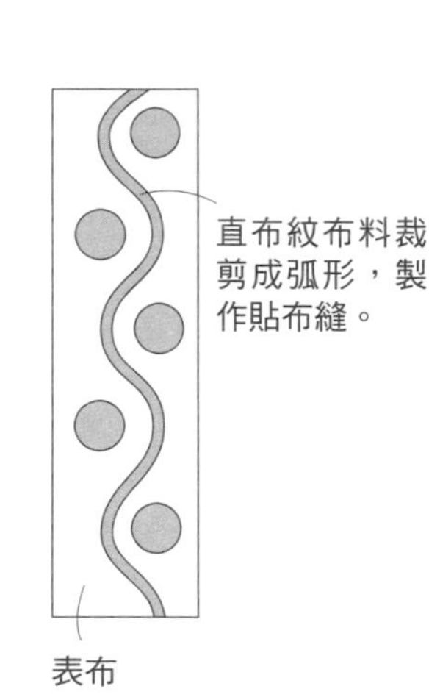

直布紋布料裁剪成弧形，製作貼布縫。
表布

2. 縫合拼接片，製作表布，進行壓線。

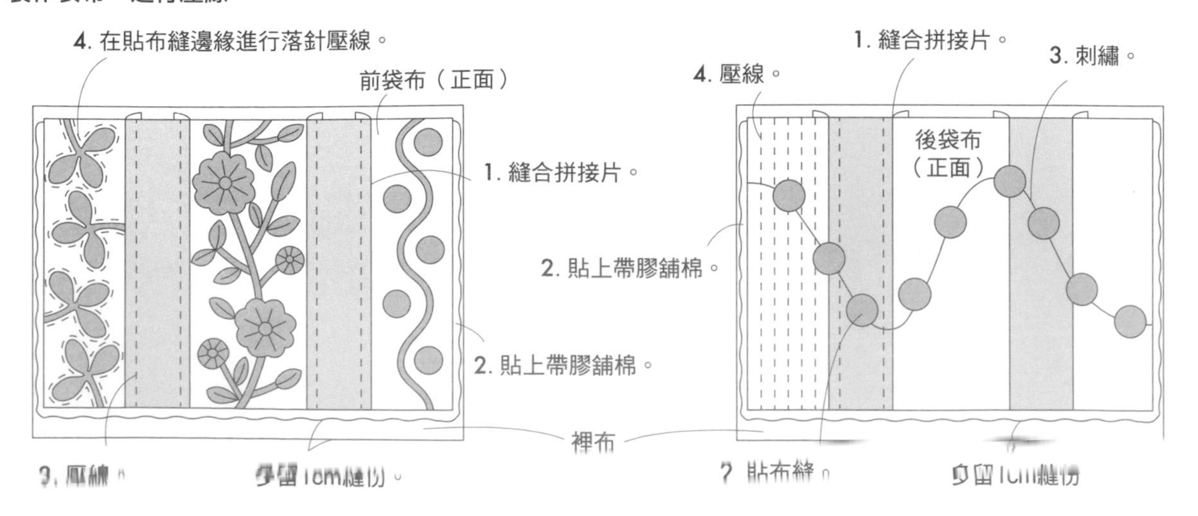

4. 在貼布縫邊緣進行落針壓線。
前袋布（正面）
1. 縫合拼接片。
2. 貼上帶膠鋪棉。
裡布
3. 壓線。
外留1cm縫份。
4. 壓線。
1. 縫合拼接片。
3. 刺繡。
後袋布（正面）
2. 貼上帶膠鋪棉。
2. 貼布縫。
外留1cm縫份

3. **底部壓線，與袋布縫合。**

4. **側身進行壓線，與袋布縫合。**

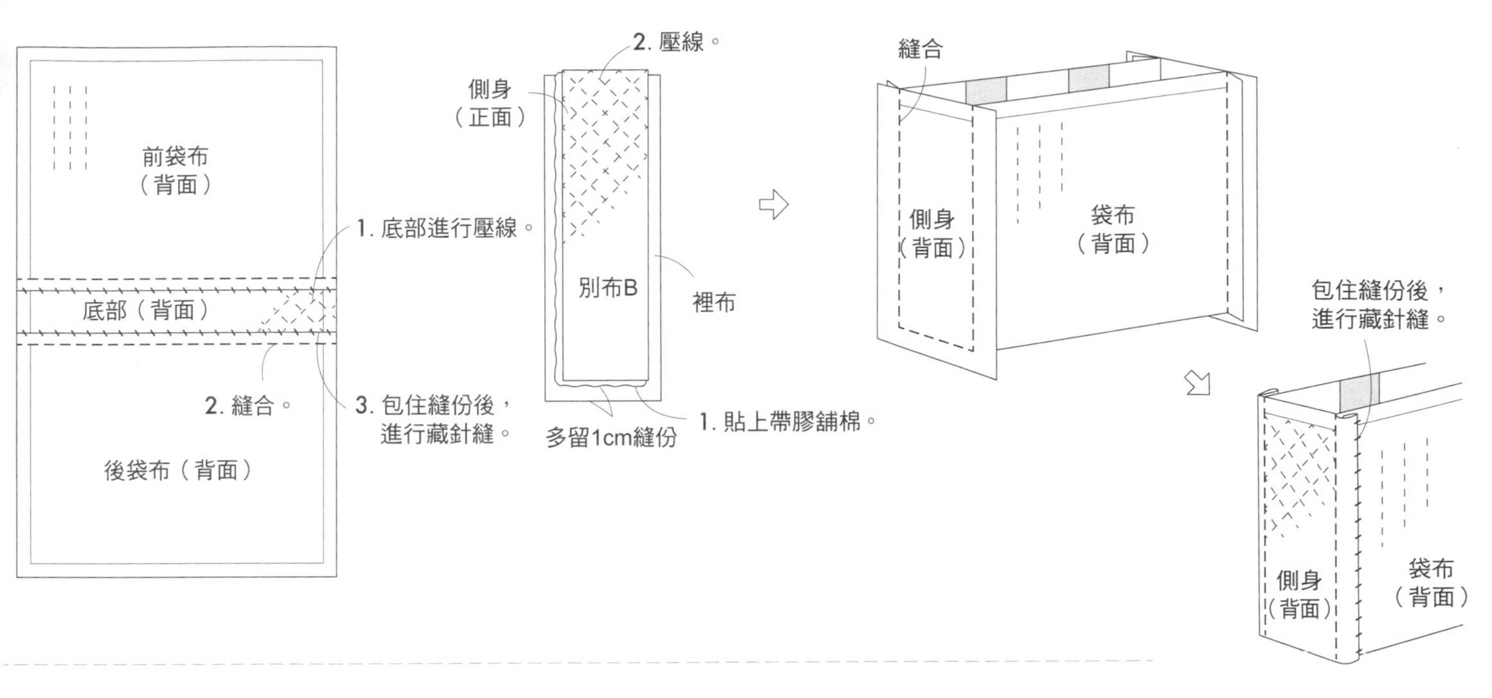
前袋布
（背面）
1. 底部進行壓線。
底部（背面）
2. 縫合。
3. 包住縫份後，
進行藏針縫。
後袋布（背面）
2. 壓線。
側身
（正面）
別布B
裡布
多留1cm縫份
1. 貼上帶膠鋪棉。
縫合
側身
（背面）
袋布
（背面）
包住縫份後，
進行藏針縫。
側身
（背面）
袋布
（背面）

5. **袋口進行滾邊。**

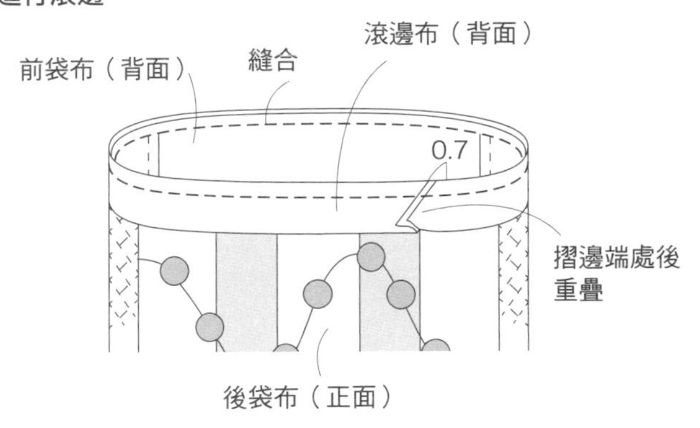
前袋布（背面）
縫合
滾邊布（背面）
0.7
摺邊端處後
重疊
後袋布（正面）

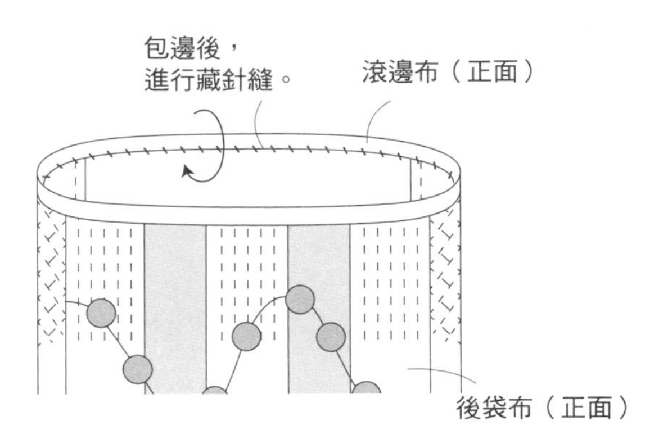
包邊後，
進行藏針縫。
滾邊布（正面）
後袋布（正面）

6. **製作提把。**

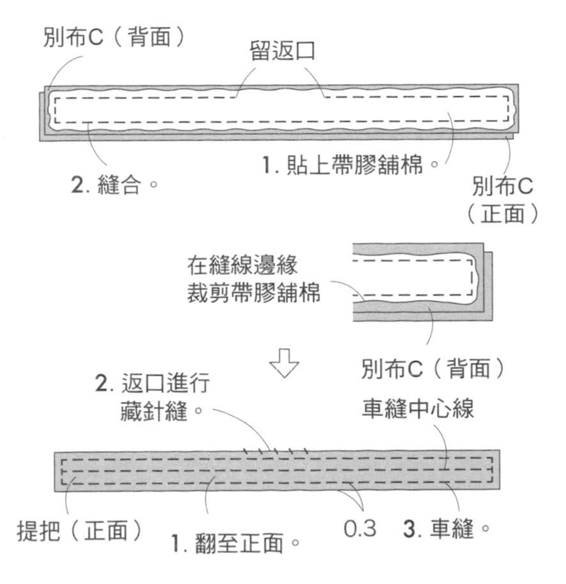
別布C（背面）
留返口
2. 縫合。
1. 貼上帶膠鋪棉。
別布C
（正面）
在縫線邊緣
裁剪帶膠鋪棉
別布C（背面）
2. 返口進行
藏針縫。
車縫中心線
提把（正面）
1. 翻至正面。
0.3
3. 車縫。

7. **袋布加上提把。**

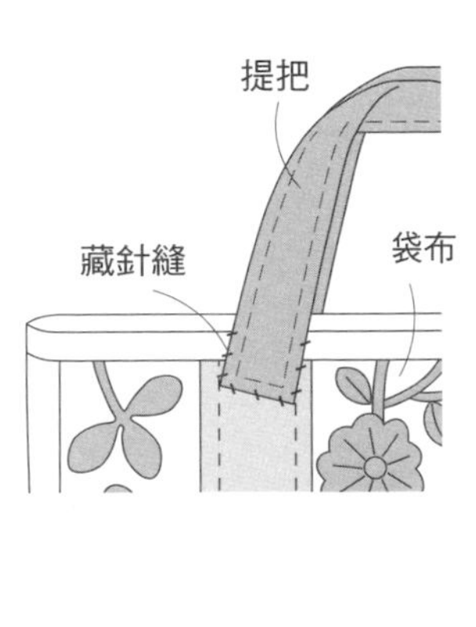
提把
藏針縫
袋布

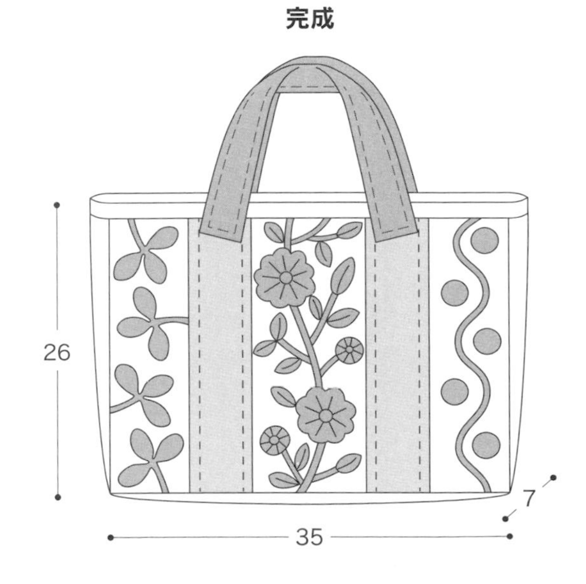
完成
26
7
35

不規則拼接花朵提包

材料

- 表布（淡棕色格紋）35cm 寬40cm
- 別布（棕色格紋）25cm 寬45cm
- 不規則拼縫用布（格紋）適量
- 貼布縫用布適量
- 帶膠鋪棉 80cm 寬45cm
- 裡布（灰色印花布）70cm 寬40cm
- 25號繡線（淡棕色 苔綠色）

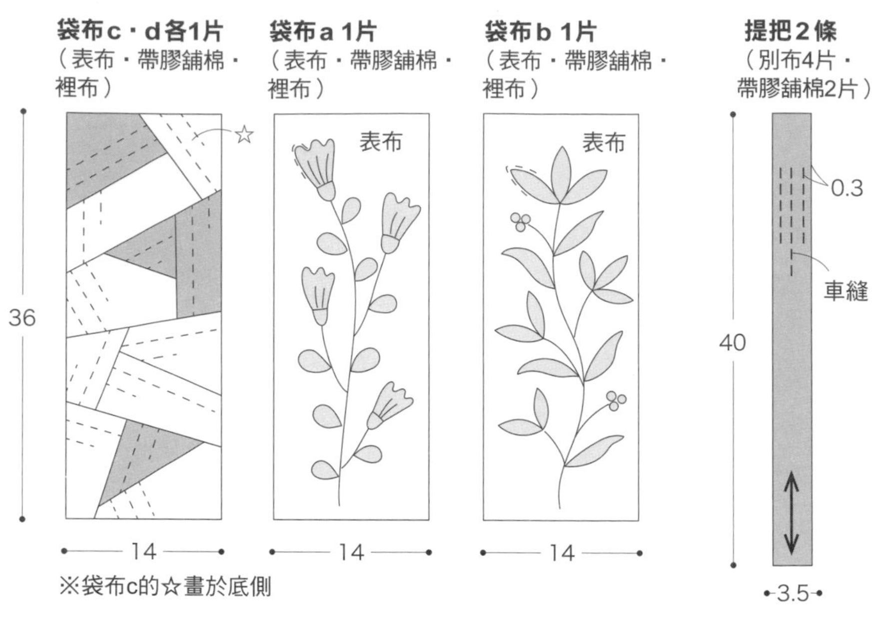

袋布c・d各1片
（表布・帶膠鋪棉・裡布）
袋布a 1片
（表布・帶膠鋪棉・裡布）
袋布b 1片
（表布・帶膠鋪棉・裡布）
提把2條
（別布4片・帶膠鋪棉2片）
表布
表布
☆
0.3
車縫
36
40
14
14
14
3.5
※袋布c的☆畫於底側

原寸紙型A面・黑色

1. 縫合袋布c、d的布片，製作表布。

※因為布片非左右對稱，裁剪布料時，將紙型翻至背面，在布料背面作記號。

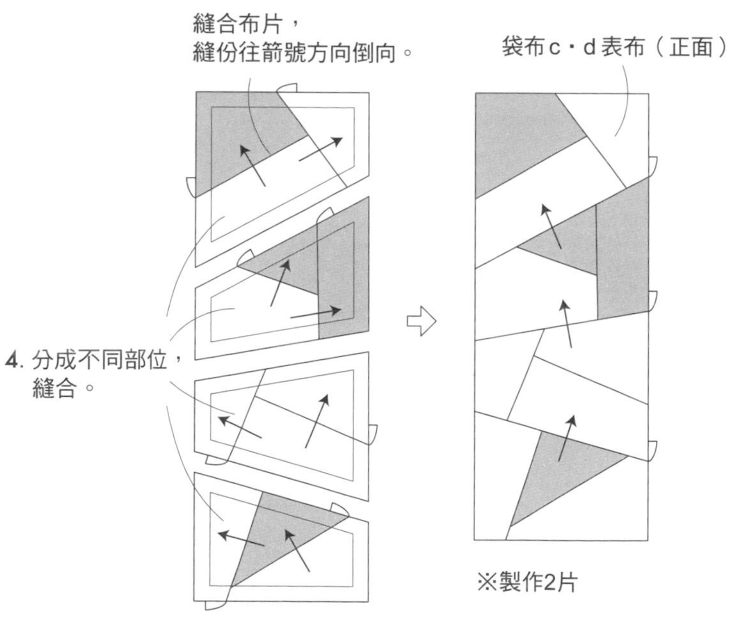

縫合布片，
縫份往箭號方向倒向。
袋布c・d表布（正面）
4. 分成不同部位，
縫合。
※製作2片

2. 袋布a、b進行貼布縫後，製作表布。

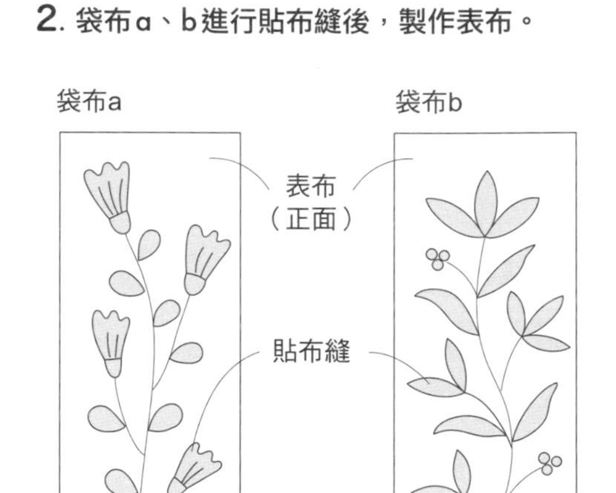

袋布a
袋布b
表布
（正面）
貼布縫

先畫上刺繡的記號

3. 縫合表布與裡布。

4. 袋布a至d進行壓線。

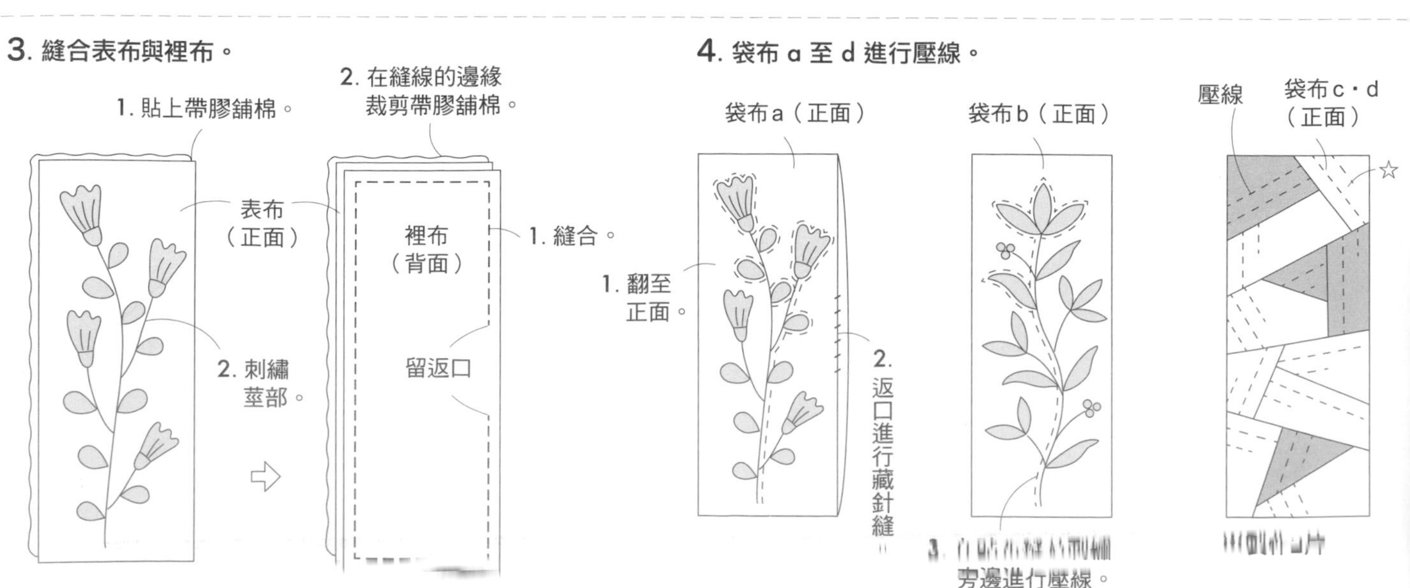

1. 貼上帶膠鋪棉。
2. 在縫線的邊緣
裁剪帶膠鋪棉。
表布
（正面）
2. 刺繡
莖部。
裡布
（背面）
1. 縫合。
留返口
袋布a（正面）
袋布b（正面）
壓線
袋布c・d
（正面）
☆
1. 翻至
正面。
2.
返口進行藏針縫
旁邊進行壓線。

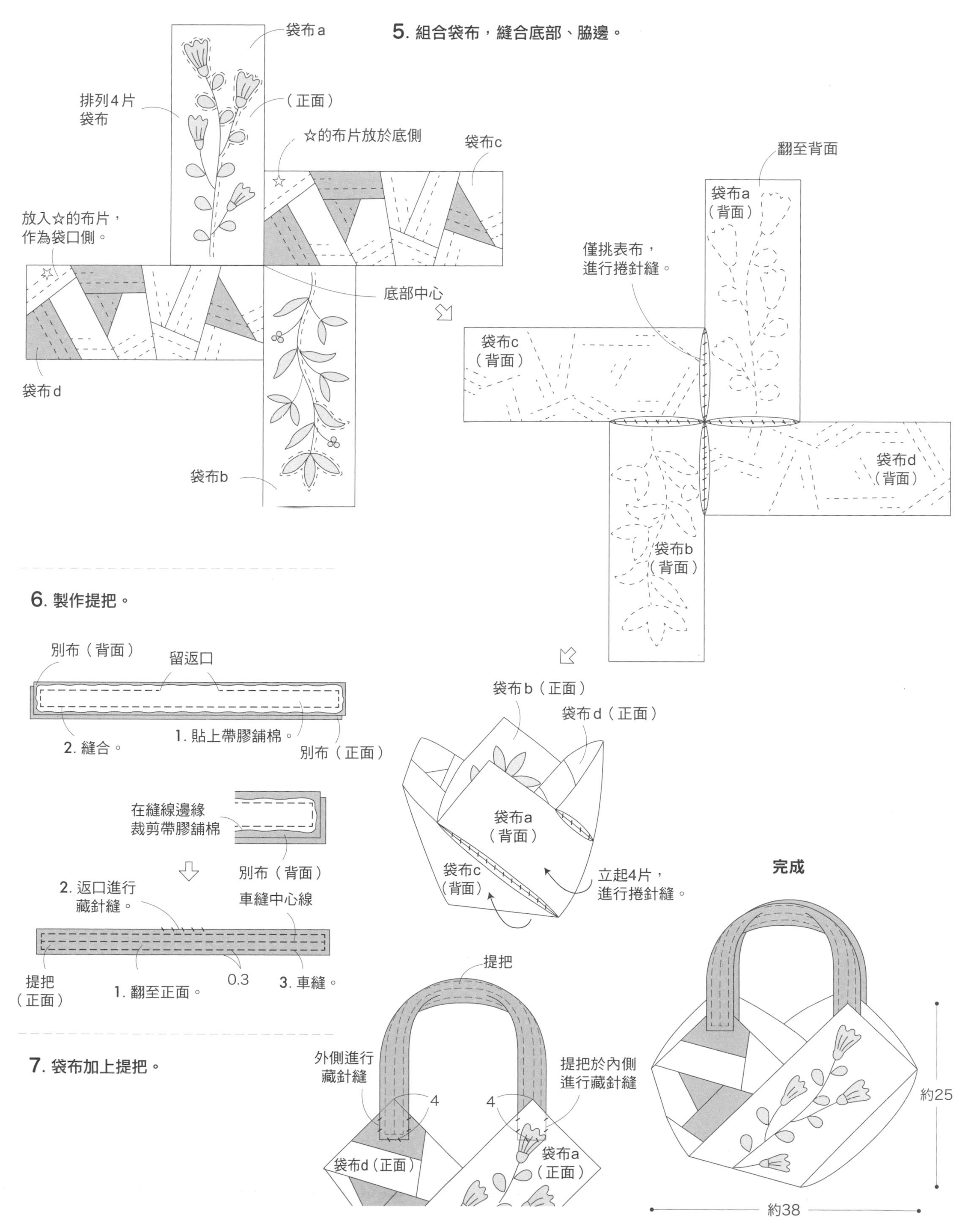
5. 組合袋布，縫合底部、脇邊。
袋布a
排列4片
袋布
（正面）
☆的布片放於底側
袋布c
放入☆的布片，
作為袋口側。
底部中心
袋布d
袋布b
翻至背面
袋布a
（背面）
僅挑表布，
進行捲針縫。
袋布c
（背面）
袋布d
（背面）
袋布b
（背面）
6. 製作提把。
別布（背面）
留返口
2. 縫合。
1. 貼上帶膠鋪棉。
別布（正面）
在縫線邊緣
裁剪帶膠鋪棉
別布（背面）
2. 返口進行
藏針縫。
車縫中心線
提把
（正面）
1. 翻至正面。
0.3
3. 車縫。
袋布b（正面）
袋布d（正面）
袋布a
（背面）
袋布c
（背面）
立起4片，
進行捲針縫。
完成
7. 袋布加上提把。
提把
外側進行
藏針縫
4
4
提把於內側
進行藏針縫
袋布d（正面）
袋布a
（正面）
約25
約38

材料

- 表布（各種袋布用格紋）合計70cm 寬30cm
- 別布A（棕色圓點）40cm 寬25cm
- 別布B（深棕色格紋）35cm 寬20cm
- 別布C（淡藍色格紋）30cm 寬15cm
- 別布D（淡棕色格紋）65cm 寬60cm
- 貼布縫布適量
- 帶膠鋪棉 90cm 寬50cm
- 裡布（米色印花布）90cm 寬50cm
- 磁釦（直徑1.5cm）1組
- 25號繡線（黑色、淡棕色）
- 8號繡線（深棕色、米色、綠色、棕色）

※別布D的斜紋布是3.5cm寬65cm

原寸紙型A面・黑色

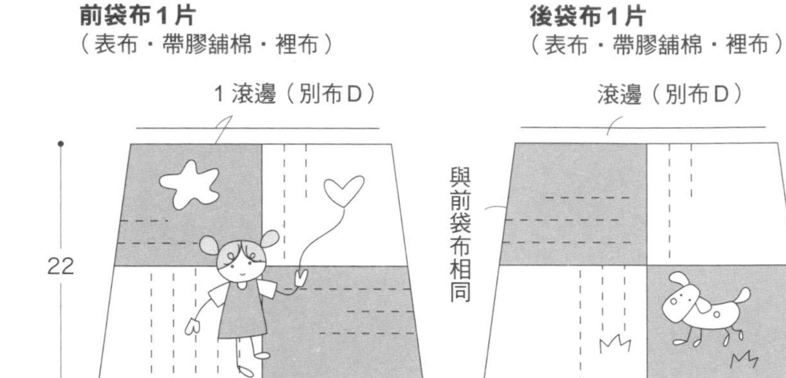

前袋布1片
（表布・帶膠鋪棉・裡布）
1 滾邊（別布D）
22
30
後袋布1片
（表布・帶膠鋪棉・裡布）
滾邊（別布D）
與前袋布相同

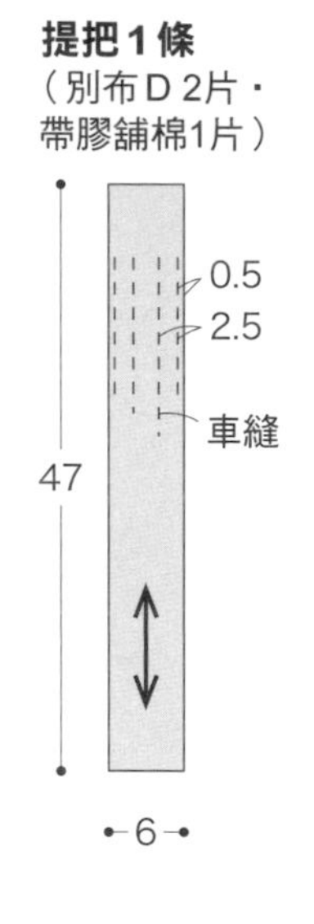

提把1條
（別布D 2片・
帶膠鋪棉1片）
0.5
2.5
車縫
47
6

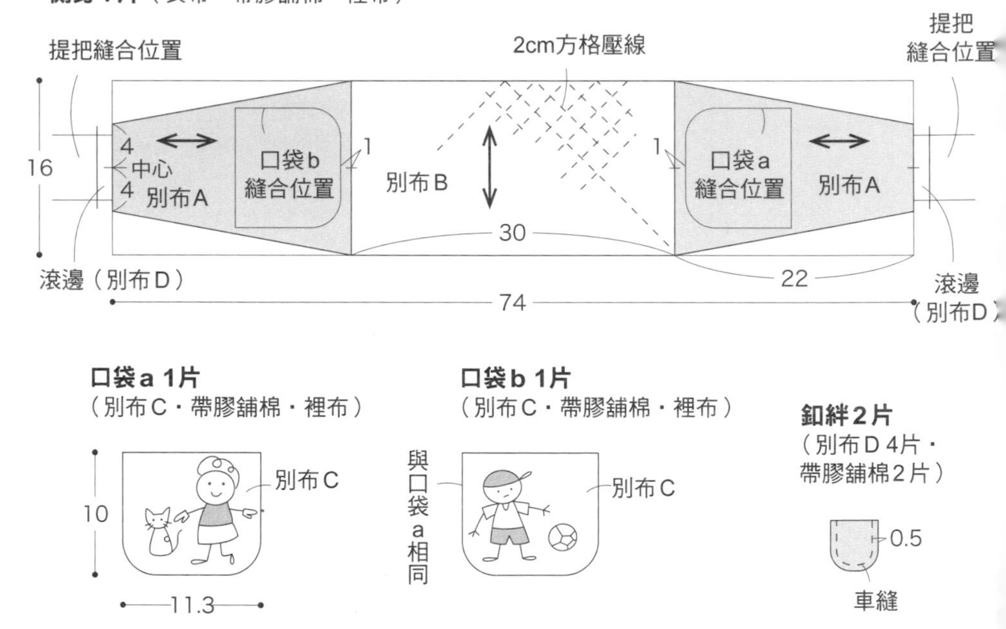

側身1片（表布・帶膠鋪棉・裡布）
提把縫合位置
2cm方格壓線
提把
縫合位置
16
4
中心
4
別布A
口袋b
縫合位置
1
別布B
1
口袋a
縫合位置
別布A
30
22
74
滾邊（別布D）
滾邊
（別布D）
口袋a 1片
（別布C・帶膠鋪棉・裡布）
別布C
10
11.3
口袋b 1片
（別布C・帶膠鋪棉・裡布）
與口袋a相同
別布C
釦絆2片
（別布D 4片・
帶膠鋪棉2片）
0.5
車縫

1. 縫合袋布的拼接片，進行貼布縫、刺繡。

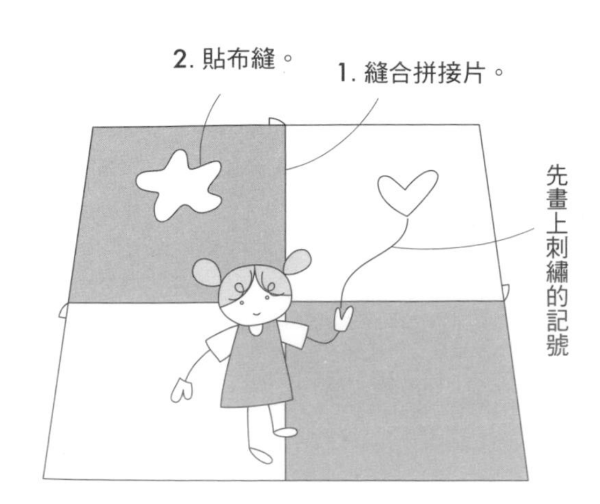

2. 貼布縫。
1. 縫合拼接片。
先畫上刺繡的記號

2. 壓線。

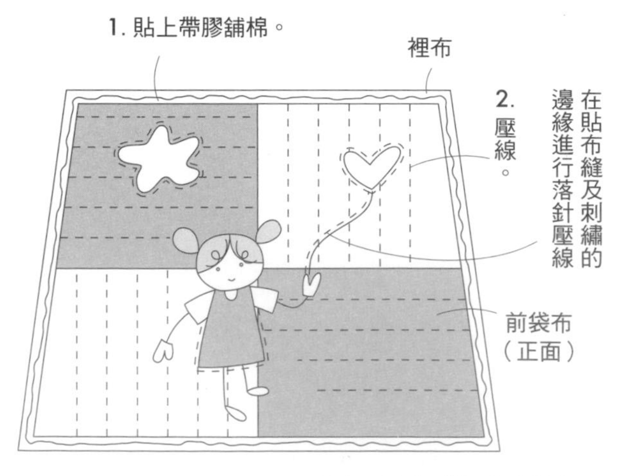

1. 貼上帶膠鋪棉。
裡布
2. 壓線。
在貼布縫及刺繡的邊緣進行落針壓線
前袋布
（正面）

※後袋布也依相同方式製作

3. 縫合側身與底部，壓線。

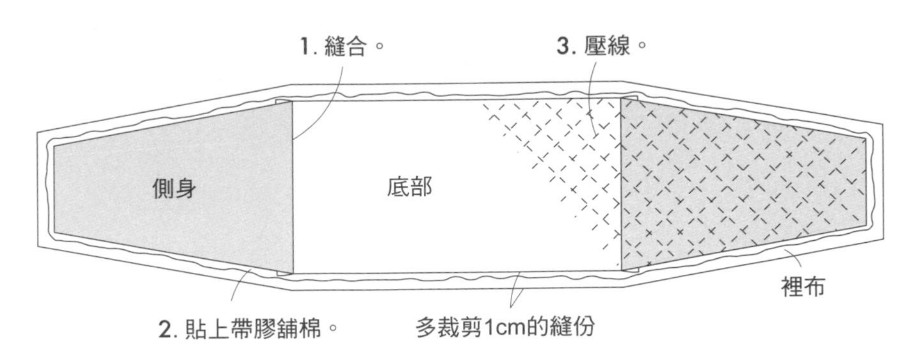
1. 縫合。
3. 壓線。
側身
底部
裡布
2. 貼上帶膠舖棉。
多裁剪1cm的縫份

4. 縫合袋布與側身、底部。

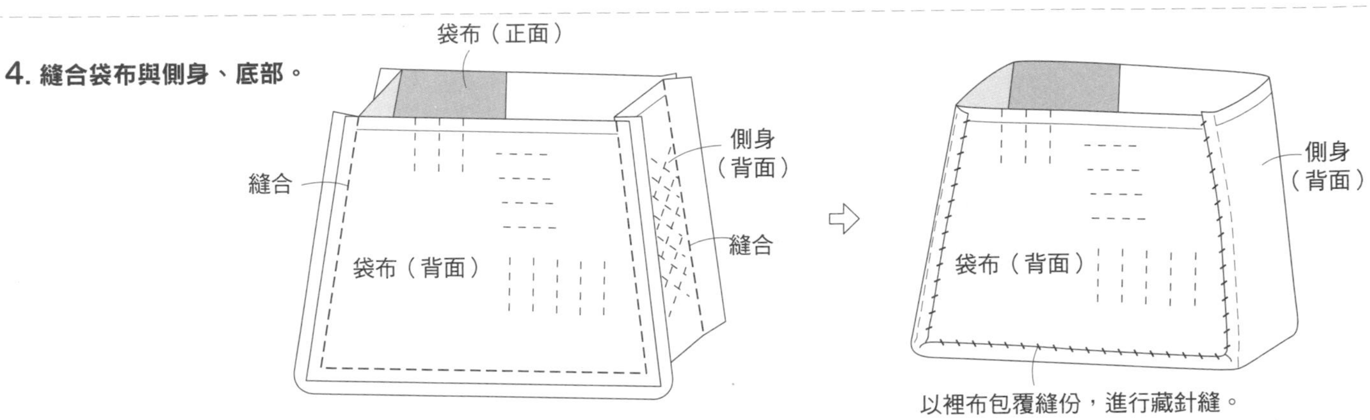
袋布（正面）
縫合
側身
（背面）
縫合
袋布（背面）
側身
（背面）
袋布（背面）
以裡布包覆縫份，進行藏針縫。

5. 製作口袋。

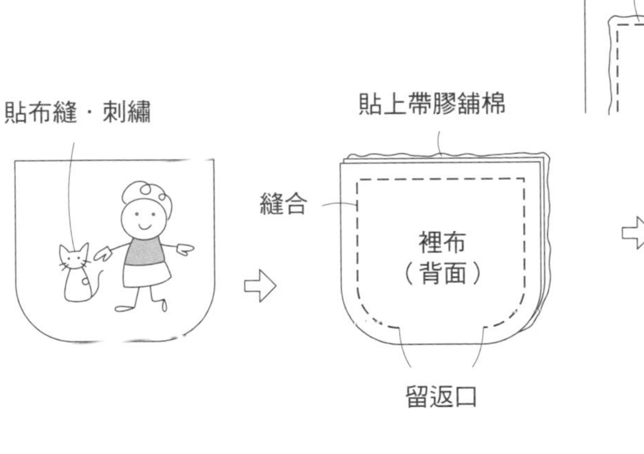
貼布縫・刺繡
貼上帶膠舖棉
縫合
裡布
（背面）
留返口

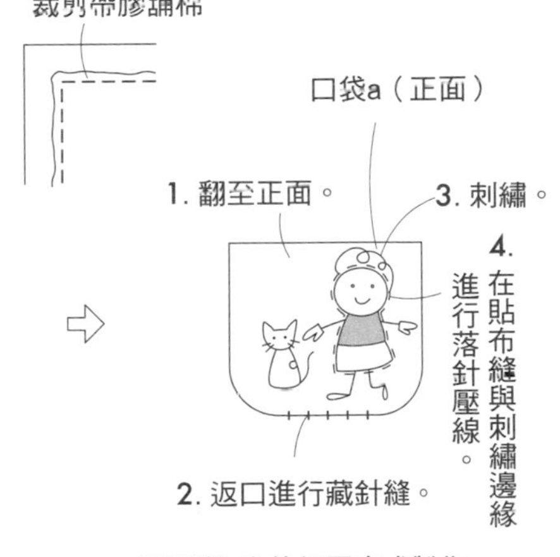
在縫線邊緣
裁剪帶膠舖棉
口袋a（正面）
1. 翻至正面。
3. 刺繡。
4. 在貼布縫與刺繡邊緣進行落針壓線。
2. 返口進行藏針縫。

※口袋b也依相同方式製作

6. 袋布加上口袋。

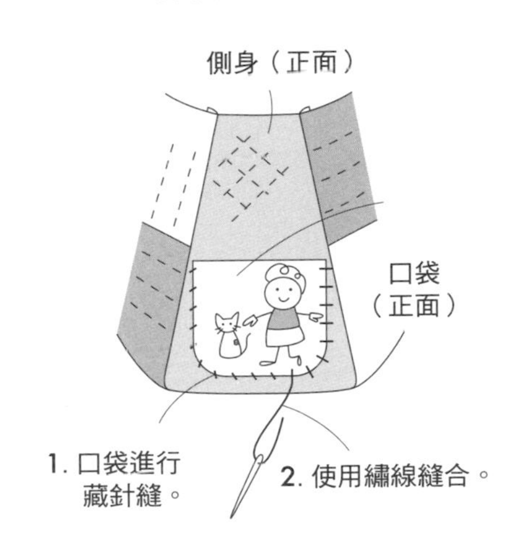
側身（正面）
口袋
（正面）
1. 口袋進行
藏針縫。
2. 使用繡線縫合。

7. 製作釦絆。

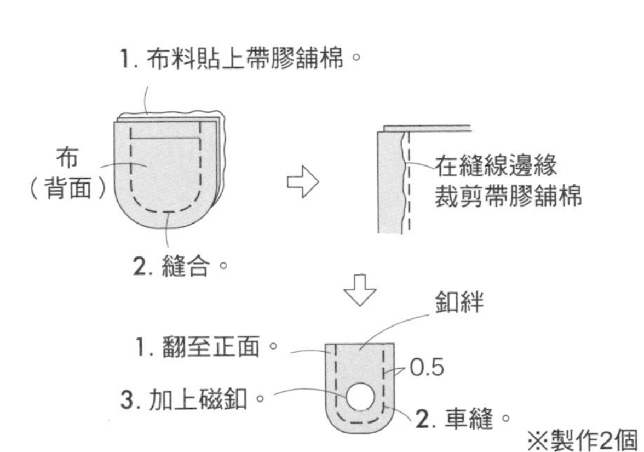
1. 布料貼上帶膠舖棉。
布
（背面）
2. 縫合。
在縫線邊緣
裁剪帶膠舖棉
釦絆
1. 翻至正面。
0.5
3. 加上磁釦。
2. 車縫。

※製作2個

8. 袋口進行滾邊。

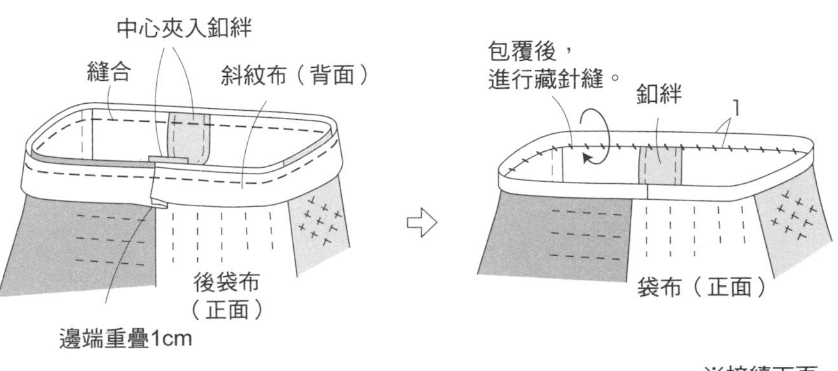
中心夾入釦絆
縫合
斜紋布（背面）
後袋布
（正面）
邊端重疊1cm
包覆後，
進行藏針縫。
釦絆
1
袋布（正面）

※接續下頁

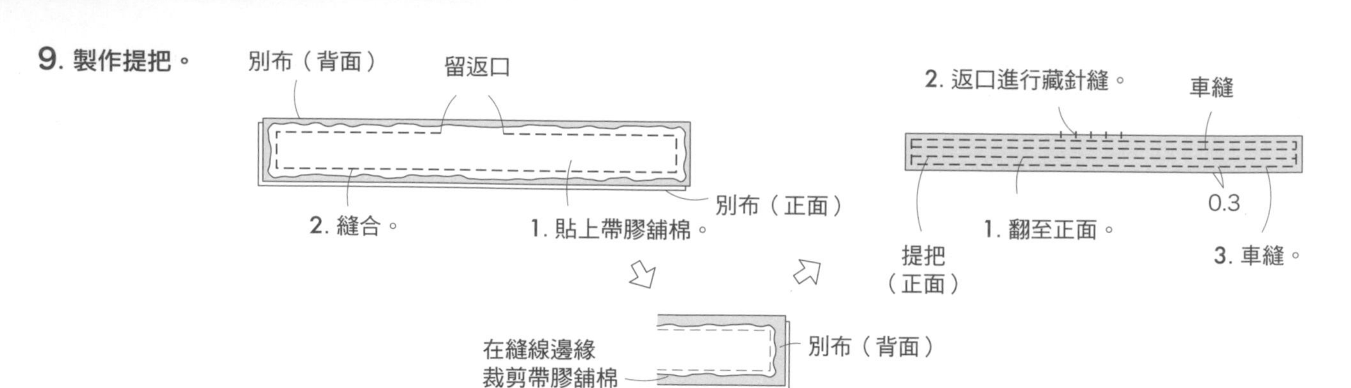
9. 製作提把。
別布（背面）
留返口
2. 縫合。
1. 貼上帶膠鋪棉。
別布（正面）
在縫線邊緣
裁剪帶膠鋪棉
別布（背面）
2. 返口進行藏針縫。
車縫
0.3
1. 翻至正面。
提把
（正面）
3. 車縫。

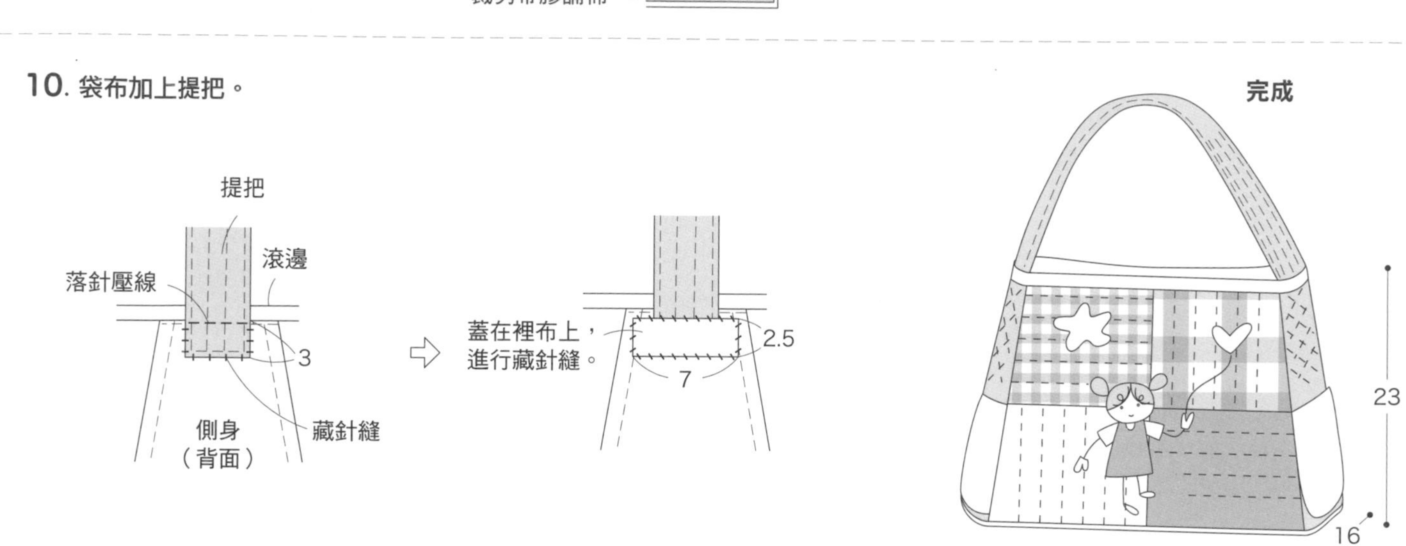
10. 袋布加上提把。
提把
滾邊
落針壓線
3
藏針縫
側身
（背面）
蓋在裡布上，
進行藏針縫。
2.5
7
完成
23
16
30

P.5 NO.4 郊外街道寬口包

材料

- 表布（米色亞麻布） 90cm 寬30cm
- 貼布縫用布
- 裡布（米色印花布） 45cm 寬60cm
- 織帶（寬3cm）110cm
- 25號繡線（棕色、米色）

原寸紙型B面・黑色

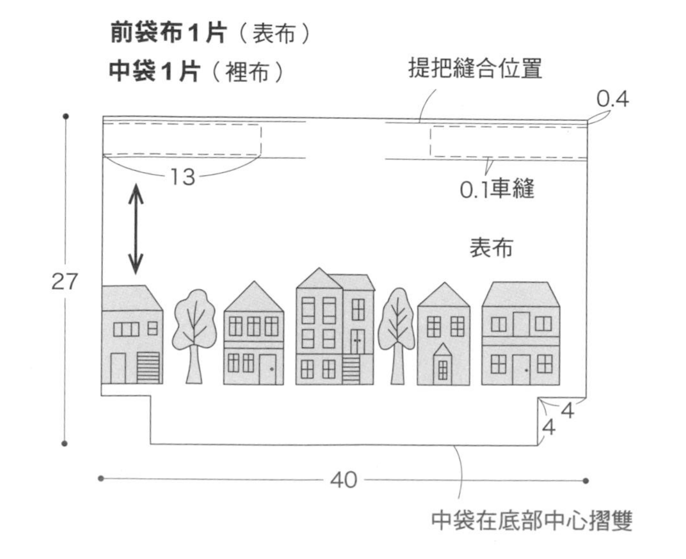
前袋布1片（表布）
中袋1片（裡布）
提把縫合位置
0.4
13
0.1車縫
表布
27
4
4
40
中袋在底部中心摺雙

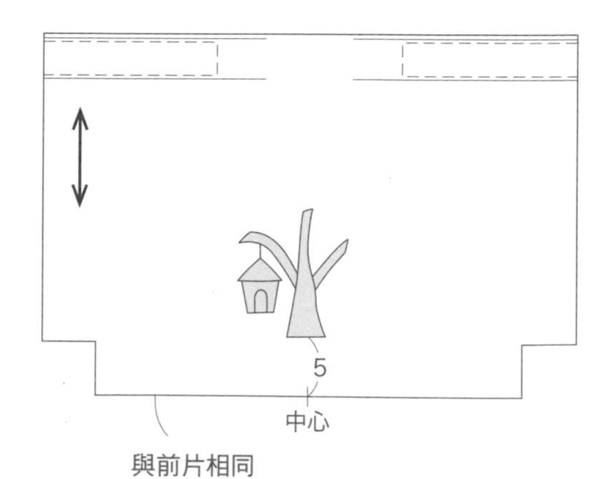
後袋布1片（表布）
5
中心
與前片相同

1. 袋布進行貼布縫、刺繡。

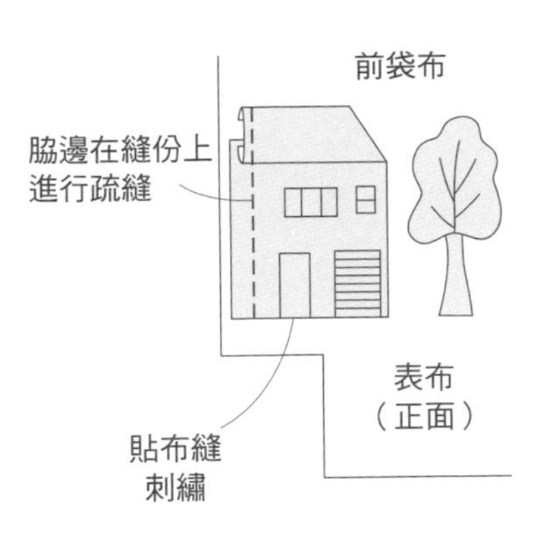
前袋布
脇邊在縫份上
進行疏縫
表布
（正面）
貼布縫
刺繡

※後袋布也進行貼布縫、刺繡

2. 縫合袋布的底部。

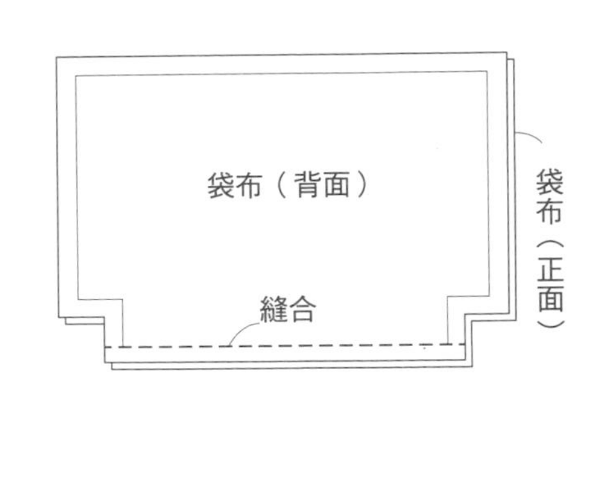
袋布（背面）
縫合
袋布（正面）

3. 暫時將提把固定於袋布。

2. 暫時固定縫份。

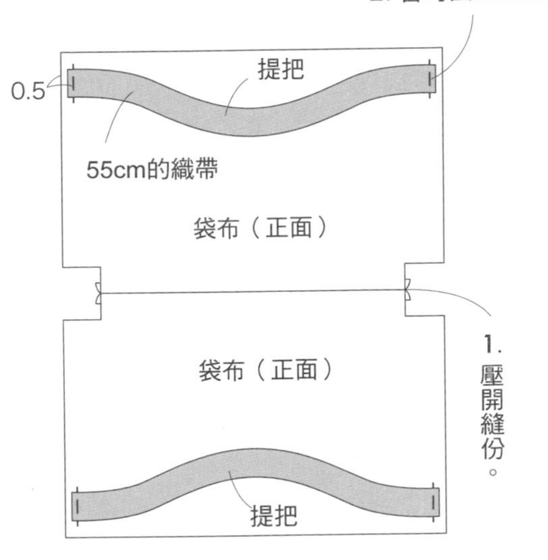
0.5
提把
55cm的織帶
袋布（正面）
袋布（正面）
1. 壓開縫份。
提把

4. 袋布與中袋對齊，縫合袋口。

5. 袋布間、中袋間對齊後，縫合脇邊與側身。

6. 翻至正面。

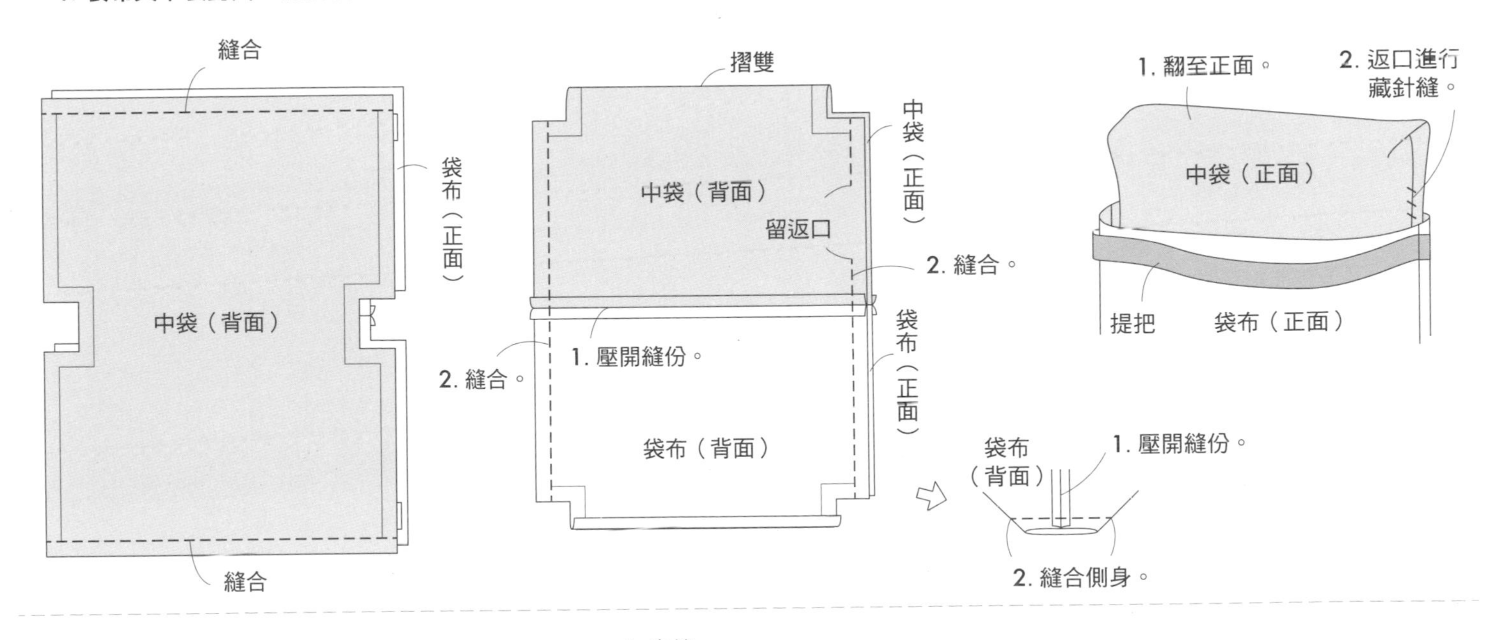
縫合
袋布（正面）
中袋（背面）
縫合
摺雙
中袋（正面）
中袋（背面）
留返口
2. 縫合。
1. 壓開縫份。
2. 縫合。
袋布（正面）
袋布（背面）
1. 翻至正面。
2. 返口進行藏針縫。
中袋（正面）
提把
袋布（正面）
袋布（背面）
1. 壓開縫份。
2. 縫合側身。

7. 縫合袋口。

1. 裡布放入內側。
0.2
2. 車縫。
裡布（正面）
提把
袋布（正面）

8. 袋布縫上提把。

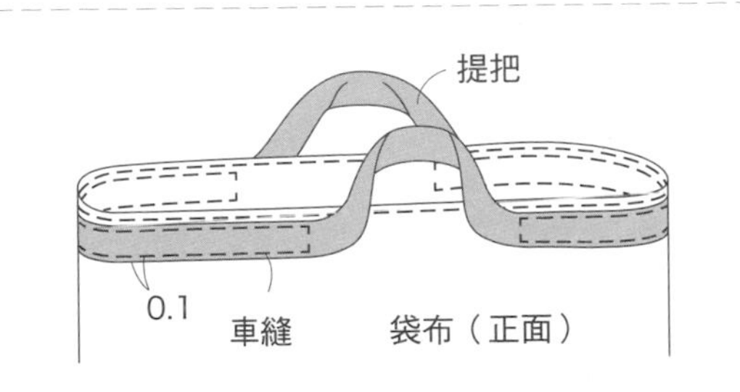
提把
0.1
車縫
袋布（正面）

完成

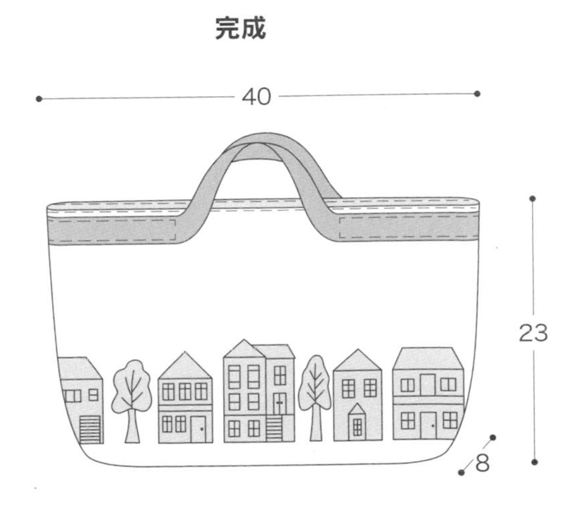
40
23
8

 風車短背帶側背包

材料
- 表布（深棕色格紋）35cm 寬35cm
- 別布（棕色素色）90m 寬30cm
- 滾邊布（深棕色格紋）
  寬3.5m 長90cm、35cm、7cm的斜紋布
  各2條
- 拼接布片適量
- 帶膠鋪棉 95m 寬55cm
- 裡布（灰色印花布）95m 寬45cm
- 口字環（內尺寸5cm）2個

原寸紙型B面・黑色

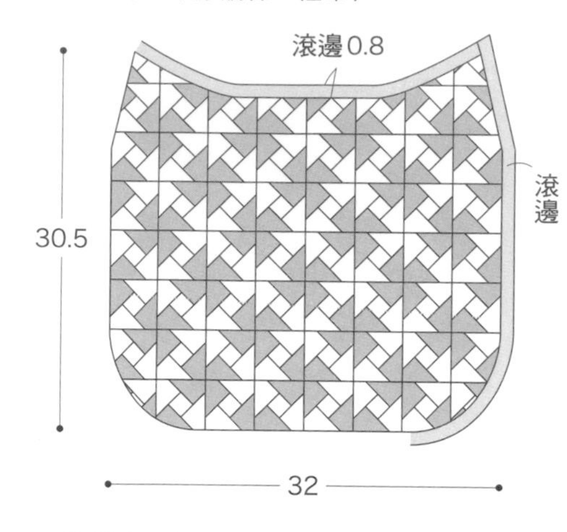
前袋布1片
（表布・帶膠鋪棉・裡布）
滾邊0.8
滾邊
30.5
32

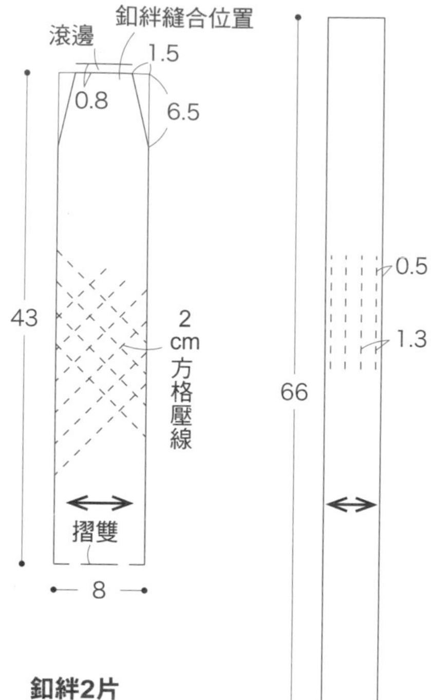
側身1片
（別布・帶膠鋪棉・裡布）
滾邊
釦絆縫合位置
1.5
0.8
6.5
43
2cm方格壓線
摺雙
8
提把1片
（別布2片・帶膠鋪棉1片）
0.5
1.3
66
5

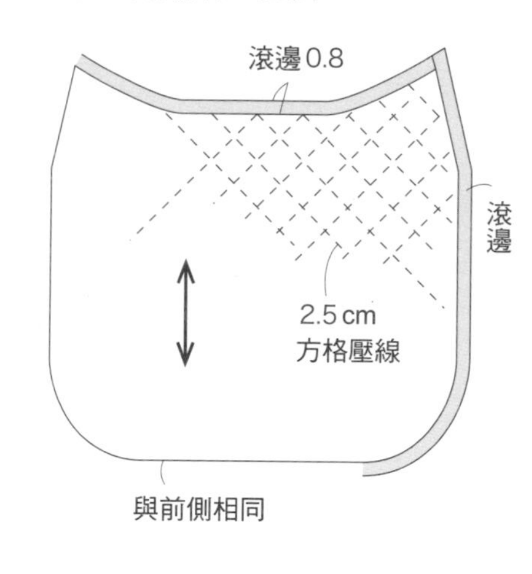
後袋布1片
（表布・帶膠鋪棉・裡布）
滾邊0.8
滾邊
2.5cm
方格壓線
與前側相同

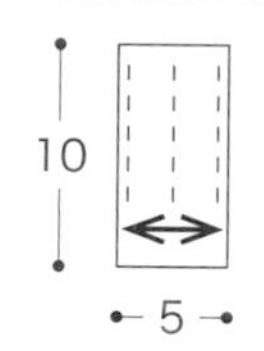
釦絆2片
（別布4片・帶膠鋪棉2片）
10
5

1. 縫合拼布圖案，製作袋布的表布。

※因為布片非左右對稱，裁剪布料時，將紙型翻至背面，在布料背面作記號。

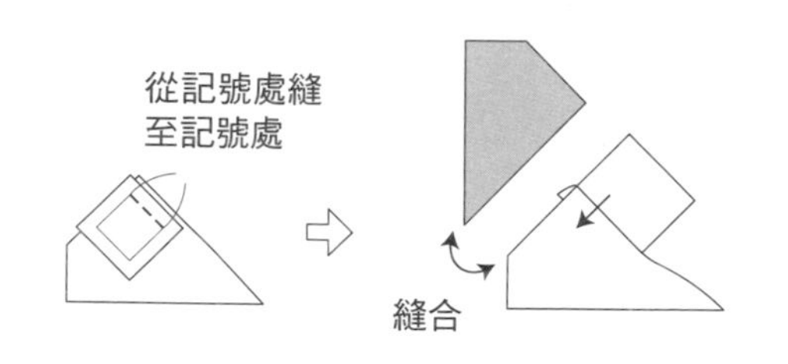
從記號處縫
至記號處
縫合

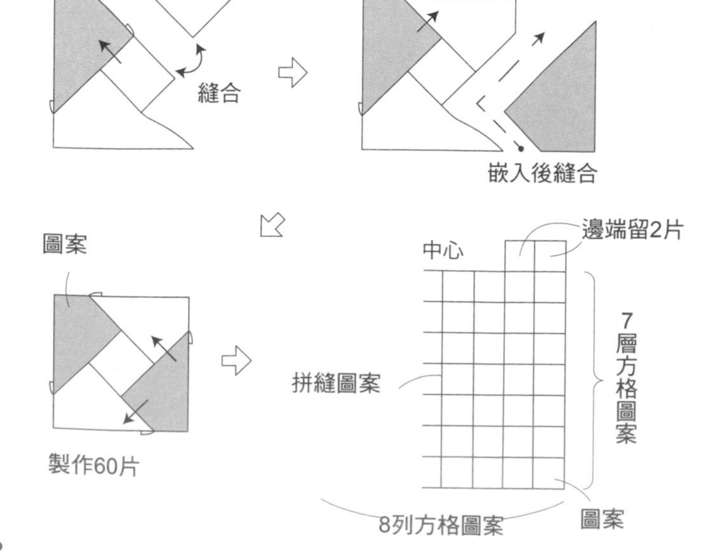
縫合
嵌入後縫合
圖案
製作60片
中心
邊端留2片
7層方格圖案
拼縫圖案
8列方格圖案
圖案

2. 袋布進行壓線。

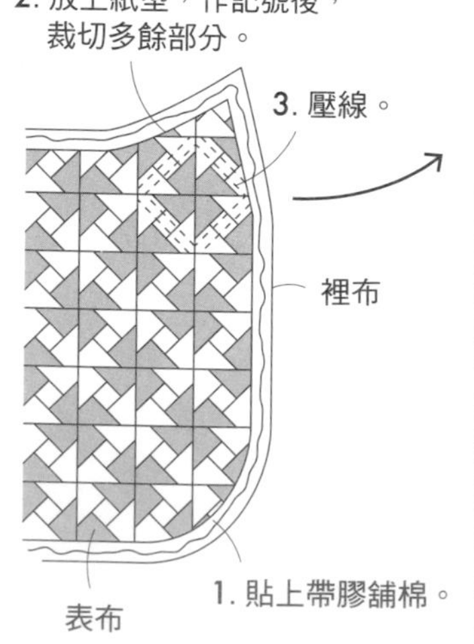
2. 放上紙型，作記號後，
裁切多餘部分。
3. 壓線。
裡布
表布
1. 貼上帶膠鋪棉。

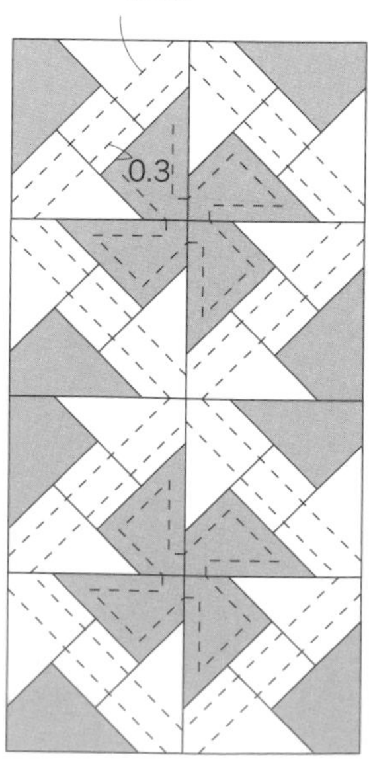
壓線
0.3

3. 袋口進行滾邊。

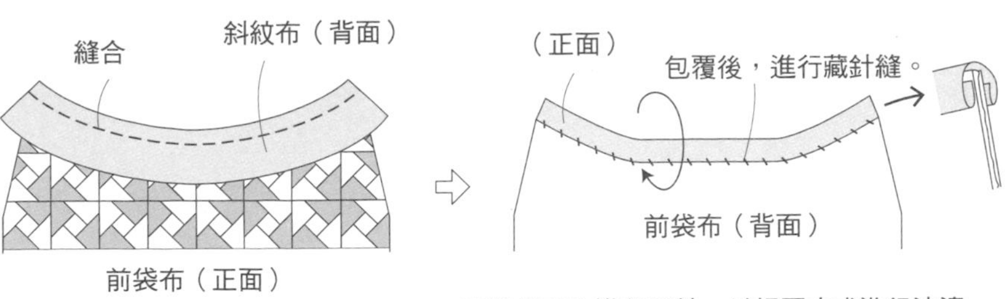
縫合
斜紋布（背面）
前袋布（正面）
（正面）
包覆後，進行藏針縫。
前袋布（背面）

※後袋布也進行壓線，以相同方式進行滾邊。

4. 側身進行壓線，滾邊。

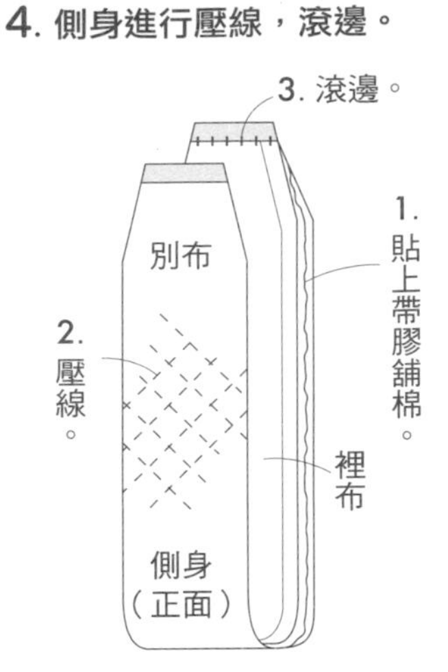
3. 滾邊。
別布
1. 貼上帶膠鋪棉。
2. 壓線。
裡布
側身
（正面）

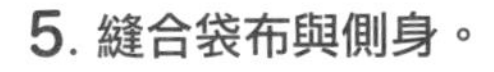

5. 縫合袋布與側身。

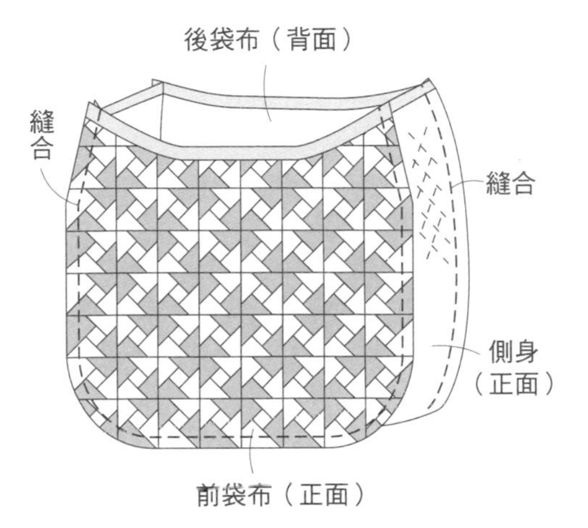
後袋布（背面）
縫合
縫合
側身
（正面）
前袋布（正面）

6. 周圍進行滾邊。

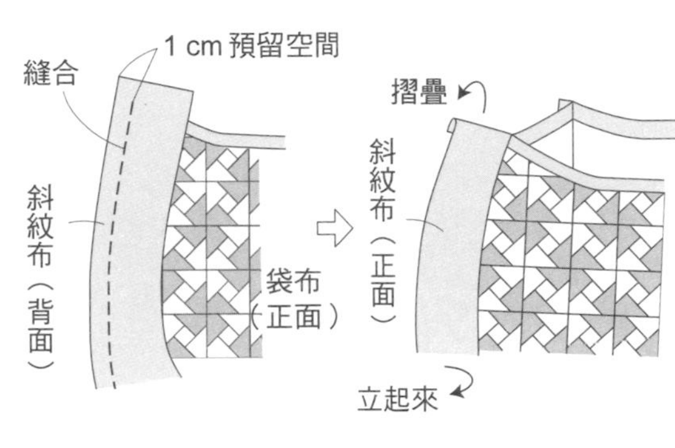
縫合
1 cm 預留空間
斜紋布（背面）
袋布
（正面）
摺疊
斜紋布（正面）
立起來

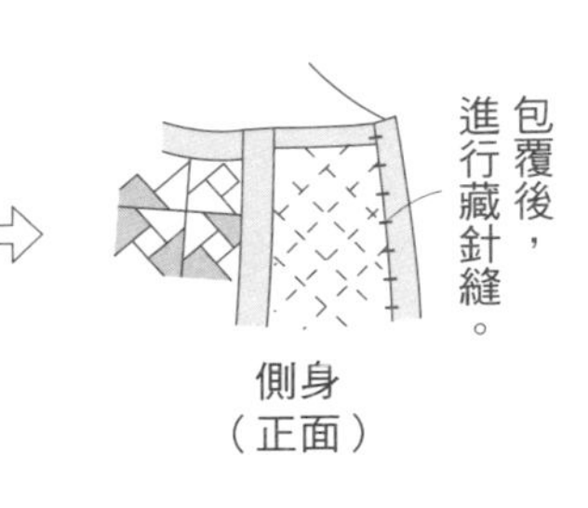
包覆後，進行藏針縫。
側身
（正面）

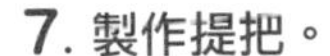

7. 製作提把。

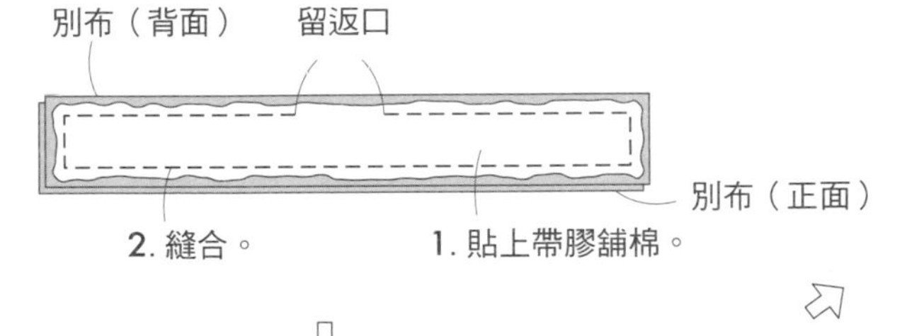
別布（背面）
留返口
別布（正面）
2. 縫合。
1. 貼上帶膠鋪棉。

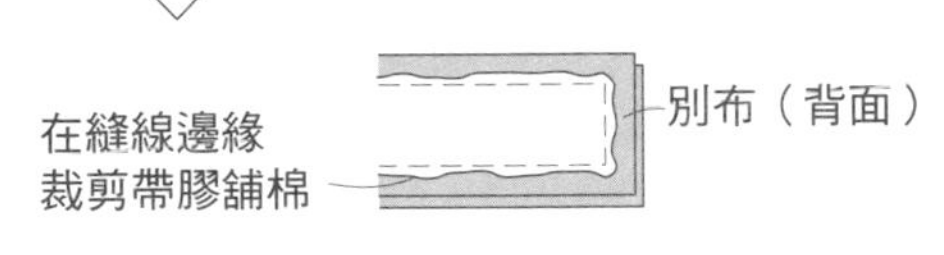
在縫線邊緣
裁剪帶膠鋪棉
別布（背面）

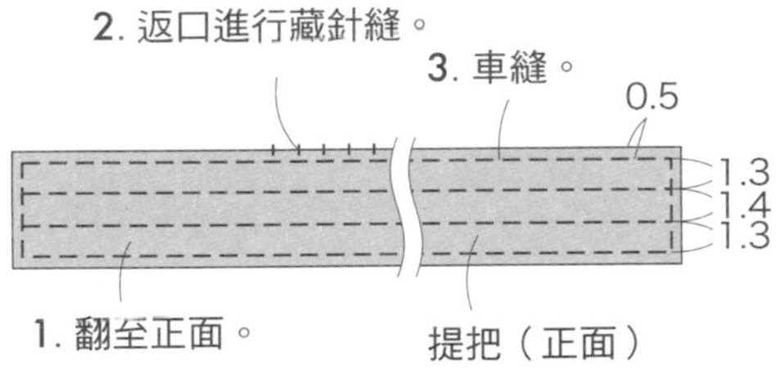
2. 返口進行藏針縫。
3. 車縫。
0.5
1.3
1.4
1.3
1. 翻至正面。
提把（正面）

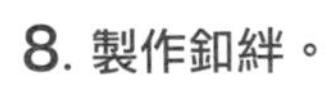

8. 製作釦絆。

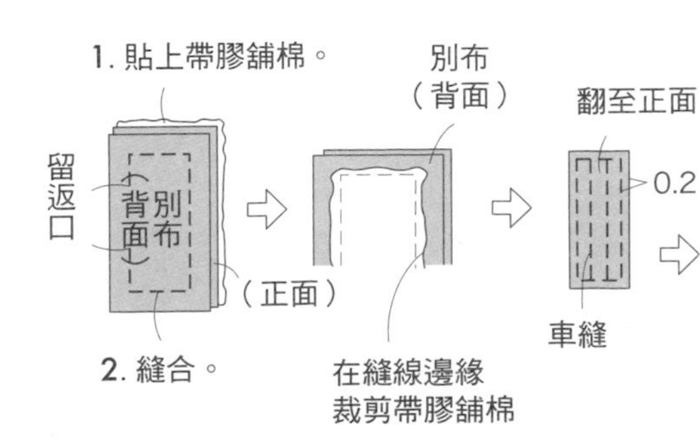
1. 貼上帶膠鋪棉。
留返口
別布（背面）
（正面）
2. 縫合。
別布
（背面）
在縫線邊緣
裁剪帶膠鋪棉
翻至正面
0.2
車縫
穿過口字環
釦絆
製作2個

9. 袋布加上釦絆，裝上提把。

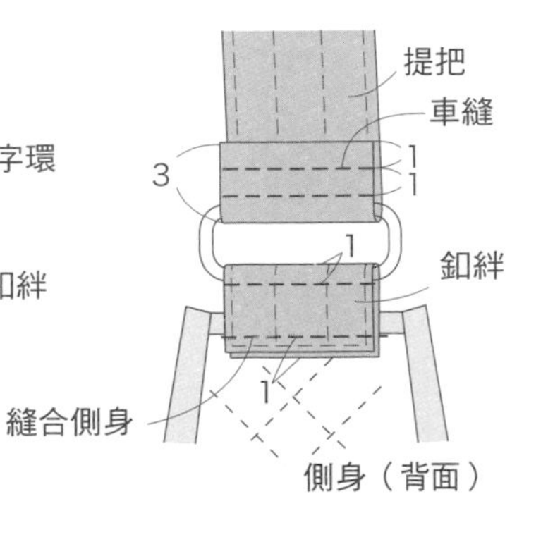
提把
車縫
1
1
3
1
釦絆
1
縫合側身
側身（背面）

完成
30.5
8
32

P.15 NO.13 有趣胸針／女士

材料

- 前後臉（米色素色）15cm 寬10cm
- 頭部（棕色素色）15 cm 寬10cm
- 衣服（深藍素色）10 cm 寬5cm
- 頭飾（條紋布）少許
- 手工藝棉花適量
- 亮片 6mm 1個
- 圓形小串珠 1個
- 珍珠串珠 3mm 6個
- 25號繡線（深棕色）
- 8號繡線（紅色）
- 別針（2cm）1個

原寸紙型B面・黑色

縫份預留方式
周圍 0.7cm
上方重疊部分 0.3cm
下方重疊部分 0.7cm

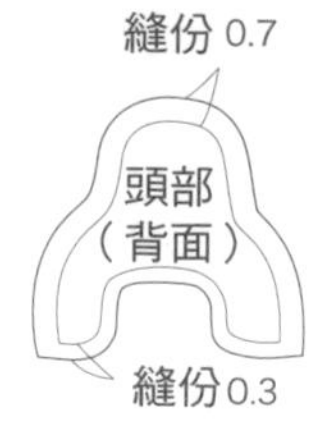

縫份 0.7
頭部
（背面）
縫份 0.3

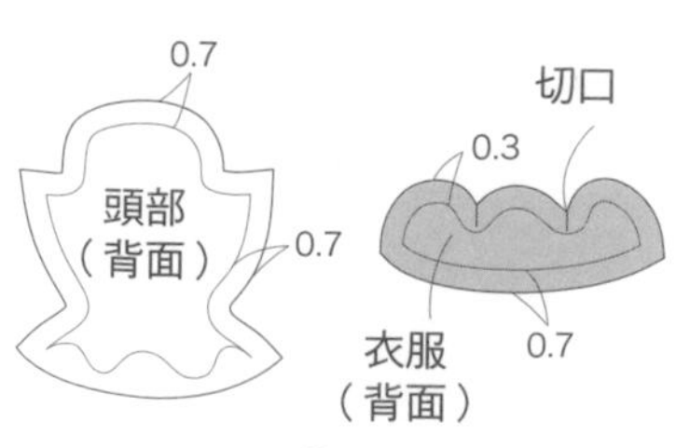

0.7
頭部
（背面）
0.7
切口
0.3
衣服
（背面）
0.7

1. 進行前片的貼布縫、刺繡。

2. 後片進行貼布縫。

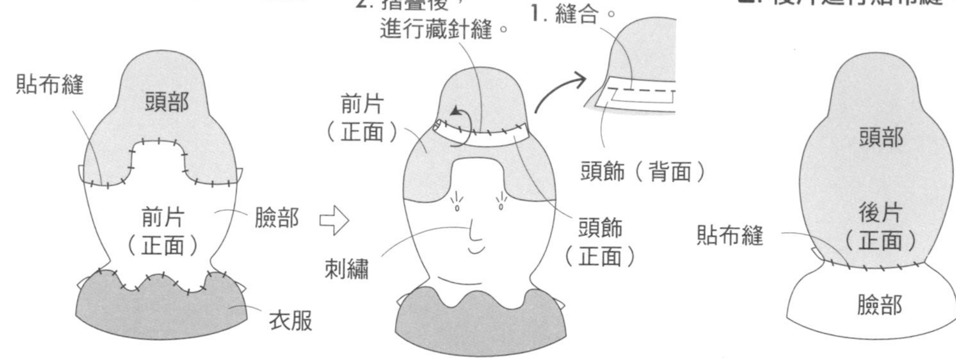

貼布縫
頭部
前片
（正面）
臉部
衣服
2. 摺疊後，
進行藏針縫。
1. 縫合。
前片
（正面）
頭飾（背面）
頭飾
（正面）
刺繡
頭部
後片
（正面）
貼布縫
臉部

3. 對齊前後片，進行縫合。

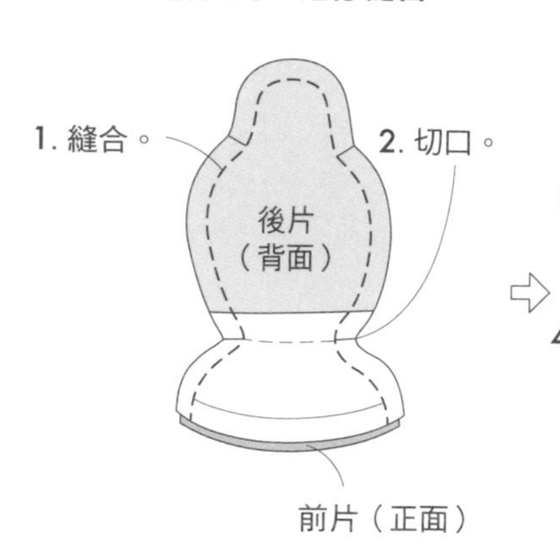

1. 縫合。
2. 切口。
後片
（背面）
前片（正面）

4. 翻至正面，塞入棉花。

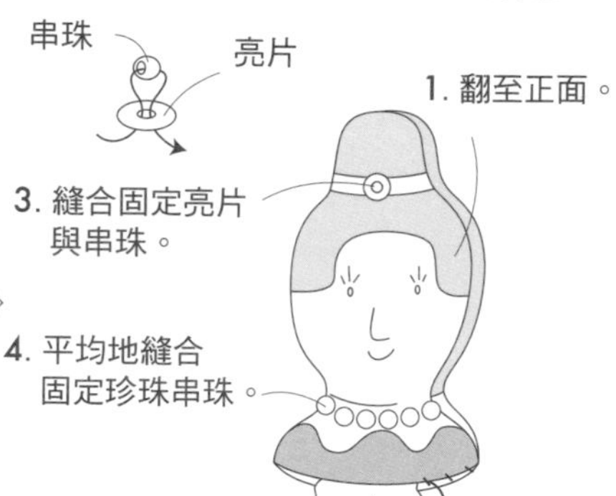

串珠
亮片
1. 翻至正面。
3. 縫合固定亮片
與串珠。
4. 平均地縫合
固定珍珠串珠。
2. 塞入棉花，
進行藏針縫。

5. 加上別針。

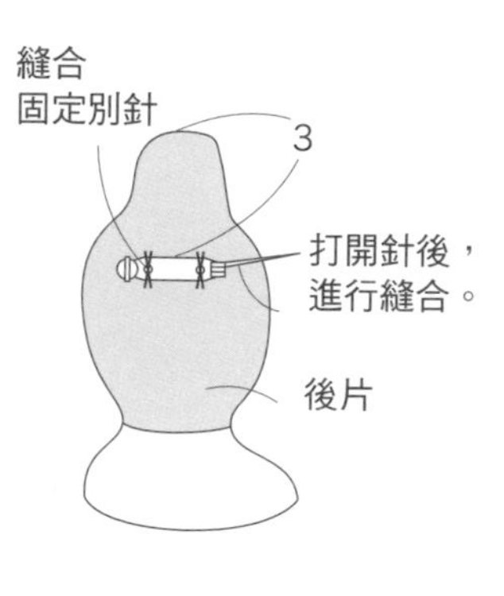

縫合
固定別針
3
打開針後，
進行縫合。
後片

完成

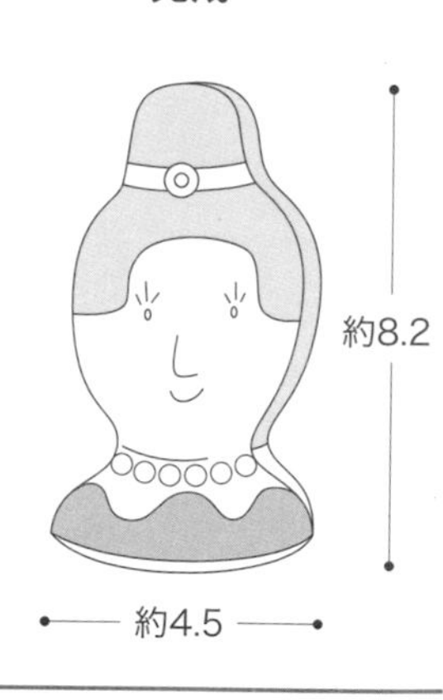

約8.2
約4.5

P.15 NO.14 有趣胸針／老鼠

材料

- 臉部（灰色編織布）15cm 寬10cm
- 鼻子（黑色素色）少許
- 耳朵（深棕色皮革）10cm 寬5cm
- 手工藝棉花適量
- 25號繡線（黑色、銀色）
- 別針（2cm）1個

原寸紙型B面・黑色

1. 進行前片的貼布縫、刺繡。

刺繡
前片
（正面）
貼布縫

2. 對齊前片及後片，進行縫合。

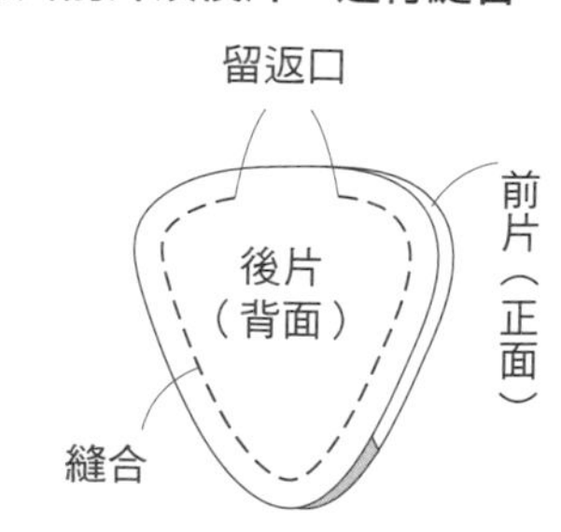

留返口
前片（正面）
後片
（背面）
縫合

3. 翻至正面，塞入棉花。

4. 加上鬍鬚。

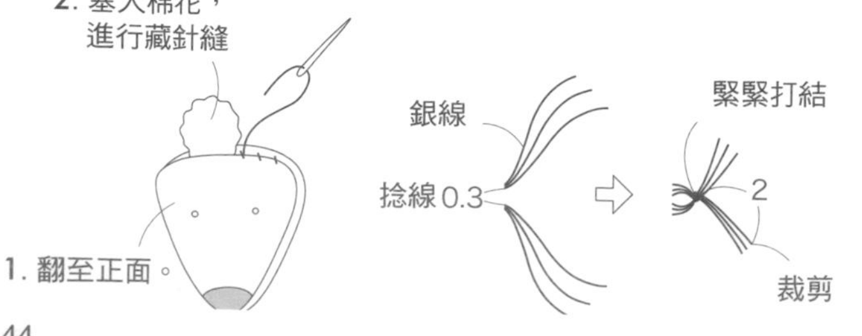

2. 塞入棉花，
進行藏針縫
1. 翻至正面。
銀線
捻線 0.3
緊緊打結
2
裁剪

5. 加上別針。

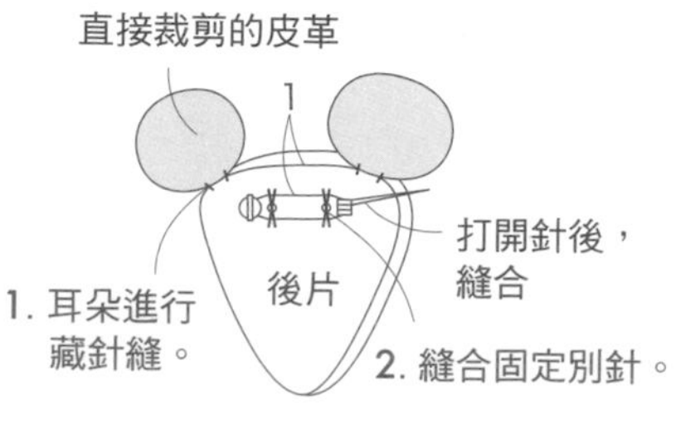

直接裁剪的皮革
1
打開針後，
縫合
後片
1. 耳朵進行
藏針縫。
2. 縫合固定別針。

完成

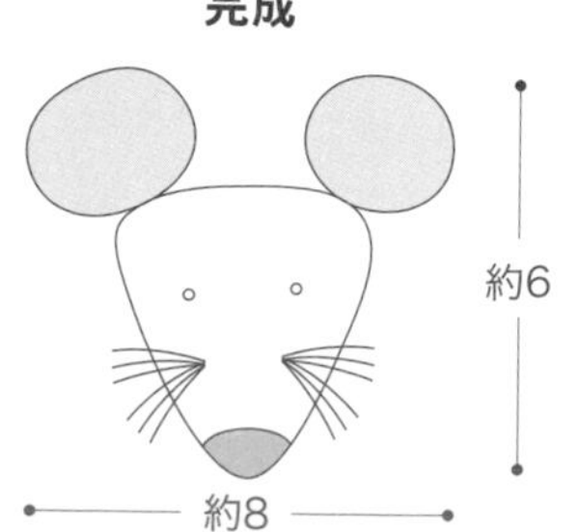

約6
約8

P.15 NO.15 有趣胸針／房屋

材料

- 房屋（棕色格紋）15cm 寬5cm
- 屋頂（深棕色格紋）15 cm 寬15cm
- 窗戶（水藍色素色）少許
- 門（紅色格紋）少許
- 棉花適量
- 25號繡線（淡棕色、米色）
- 8號繡線（棕色）
- 別針（2cm）1個

原寸紙型B面・黑色

1. 進行前片的貼布縫、刺繡。

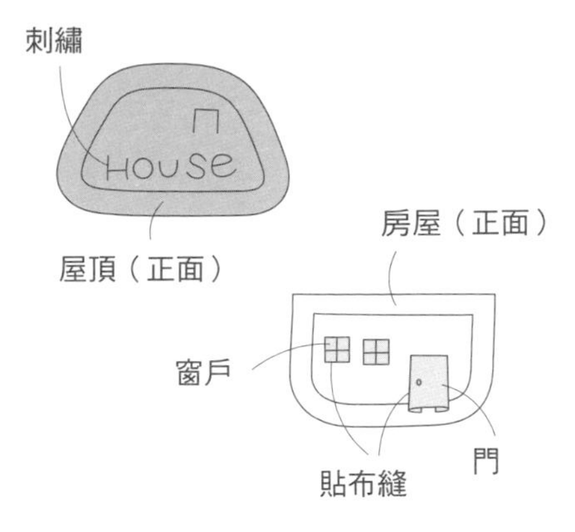

刺繡
HOUSE
屋頂（正面）
房屋（正面）
窗戶
貼布縫
門

2. 對齊房屋及屋頂，進行縫合。

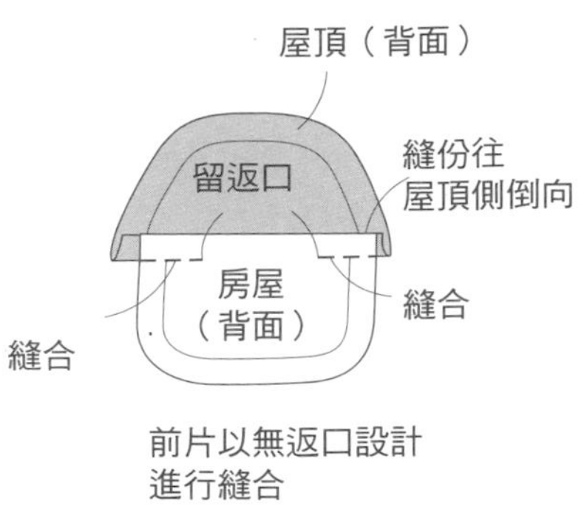

屋頂（背面）
留返口
縫份往
屋頂側倒向
房屋
（背面）
縫合
縫合
前片以無返口設計
進行縫合

3. 對齊前後片，縫合。

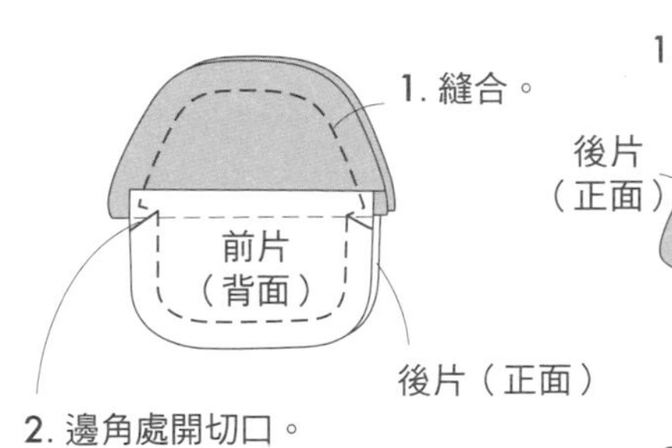

1. 縫合。
前片
（背面）
後片（正面）
2. 邊角處開切口。

4. 翻至正面，塞入棉花。

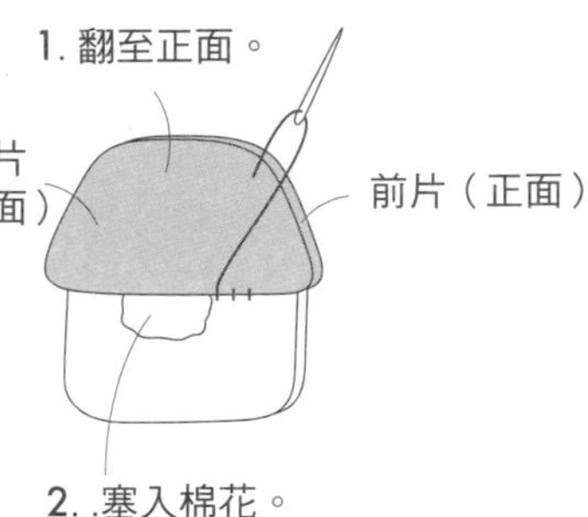

1. 翻至正面。
後片
（正面）
前片（正面）
2. .塞入棉花。

5. 加上別針。

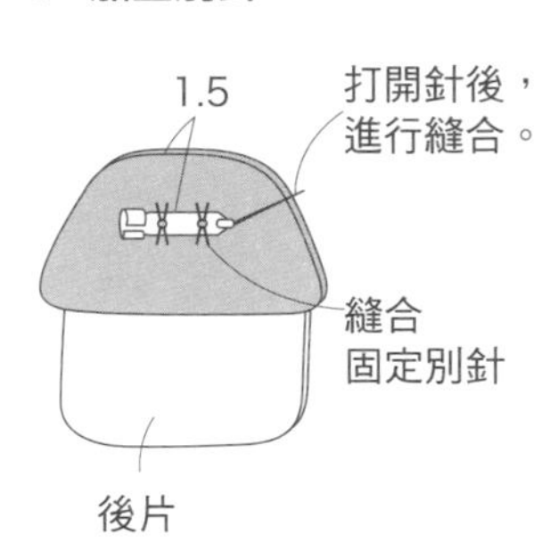

1.5
打開針後，
進行縫合。
縫合
固定別針
後片

完成

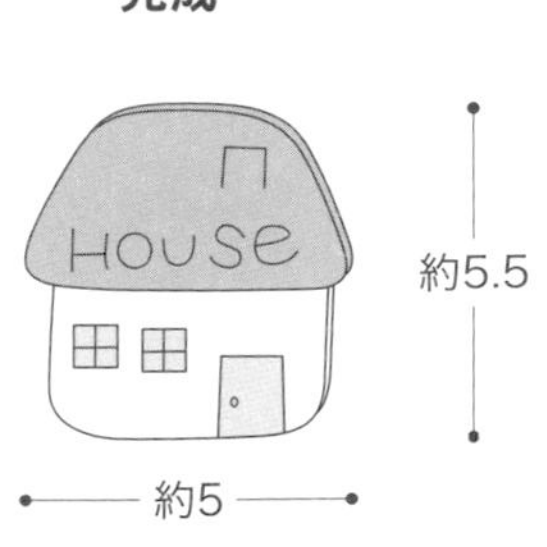

HOUSE
約5.5
約5

P.15 NO.16 有趣胸針／小狗

材料

- 臉部（棕色素色）15cm 寬10cm
- 耳朵（深棕色素色）5 cm 寬5cm
- 耳朵（棕色格紋）5 cm 寬5cm
- 嘴巴（棕色素色）5cm 寬5cm
- 手工藝棉花適量
- 25號繡線（淡橘色、黑色）
- 別針（2cm）1個

原寸紙型B面・黑色

1. 進行前片的貼布縫、刺繡。

貼布縫、刺繡

2. 對齊前後片，進行縫合。

留返口

（正面）

（背面）

縫合

3. .翻至正面，塞入棉花。

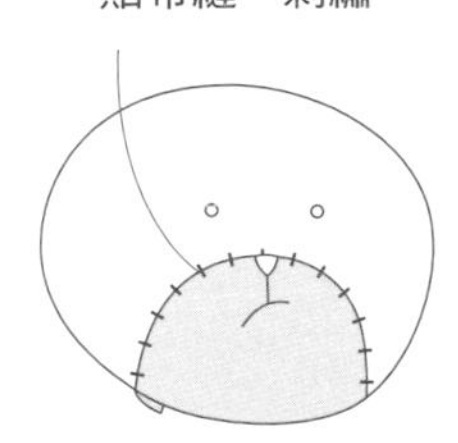

2. 塞入棉花，
進行藏針縫。
1. 翻至正面。

4. 製作耳朵，固定於前片。

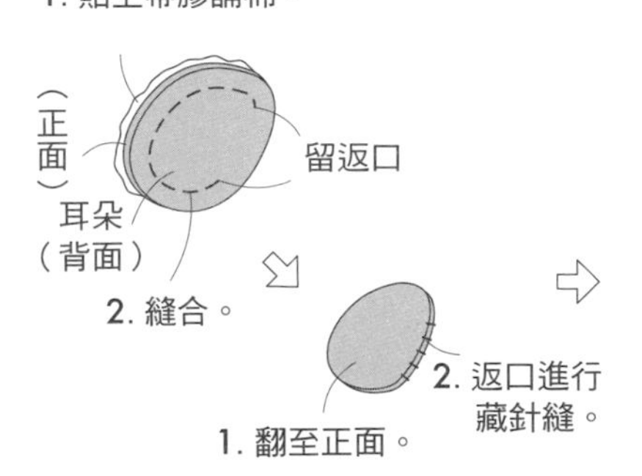

1. 貼上帶膠舖棉。
（正面）
留返口
耳朵
（背面）
2. 縫合。
2. 返口進行
藏針縫。
1. 翻至正面。

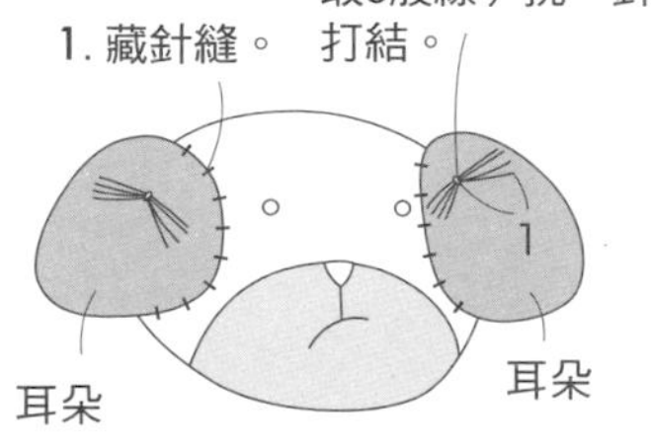

2. 使用繡線（淡橘色・
取3股線）挑一針後，
1. 藏針縫。
打結。
1
耳朵
耳朵

5. 加上別針。

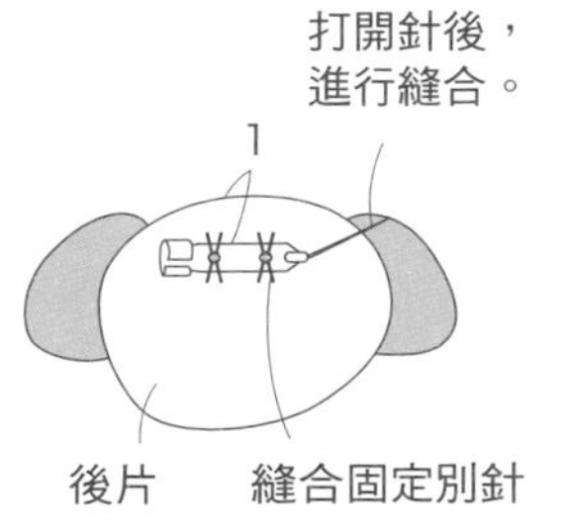

打開針後，
進行縫合。
1
後片
縫合固定別針

完成

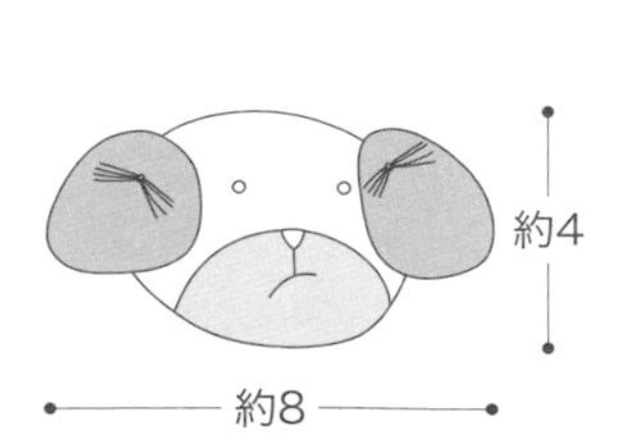

約4
約8

材料

- 表布（淡棕色格紋）60cm 寬45cm
- 別布A（棕色格紋）60 cm 寬40cm
- 別布B（棕色格紋・含拼接布片）75 cm 寬35cm
- 別布C（棕色、藍色格紋・含拼接布片）75cm 寬35cm
- 拼接布片適量
- 帶膠鋪棉 50cm 寬60cm
- 裡布（灰色印花布）40 cm 寬60cm
- 8號繡線（深棕色）

※別布A的斜紋布帶
尺寸 3.5cm 寬70cm

原寸紙型A面・黑色

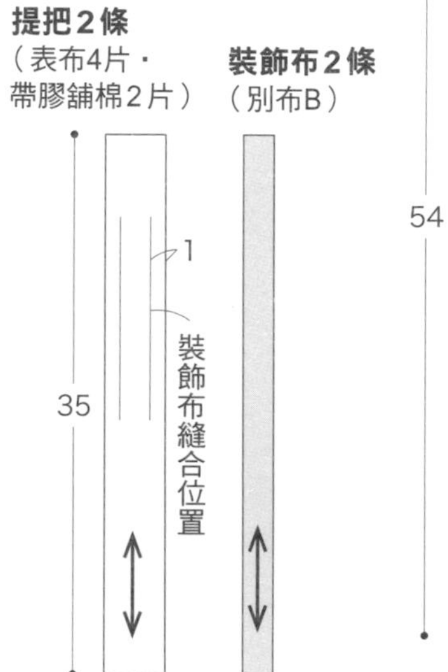

提把2條
（表布4片・
帶膠鋪棉2片）
裝飾布2條
（別布B）
1
裝飾布縫合位置
35
4
2

袋布1片
（表布・帶膠鋪棉・裡布）

貼邊2片
（表布）

1
0.7
表布
4 貼邊
18
1.5
別布 A
10
46 裡布
54
2方格壓線
口袋縫合位置
表布
22
4
5
4 貼邊
中心
24

側身2片
（別布A・帶膠鋪棉・裡布）

中心
1
18
1.5
10

口袋1片
（別布C・帶膠鋪棉・裡布）

1
15
滾邊（別布A）
2cm方格壓線
15

1. 拼縫圖案。

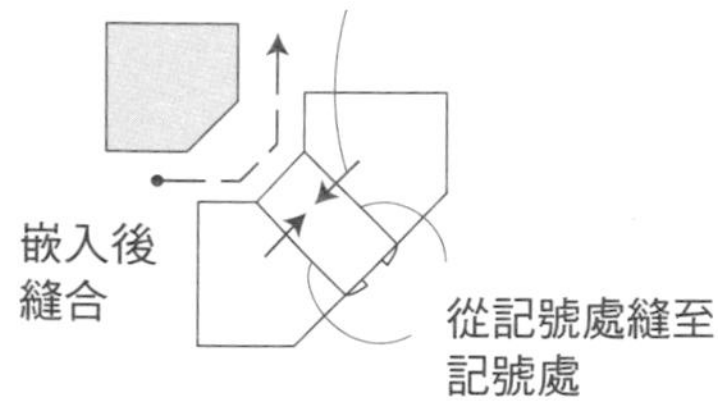

縫份往箭頭
方向倒向
嵌入後
縫合
從記號處縫至
記號處

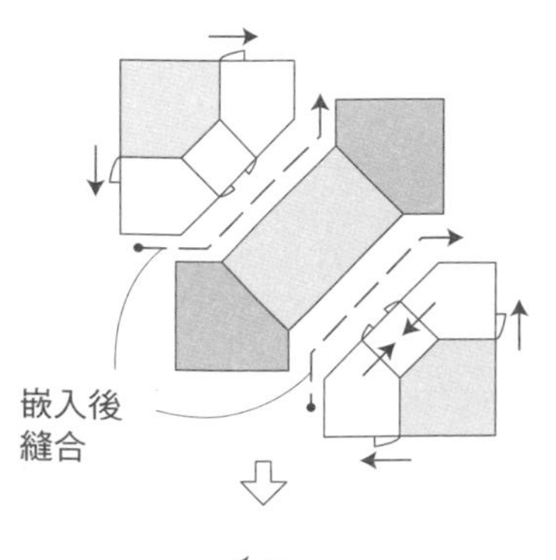

嵌入後
縫合

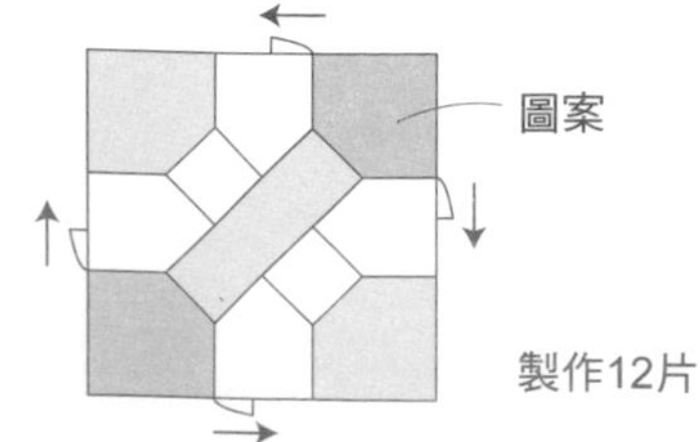

圖案
製作12片

2. 縫合圖案及拼接片，製作表布。

表布
拼縫圖案
縫合拼接片
別布 A
表布

3. 縫合裡布與貼邊。

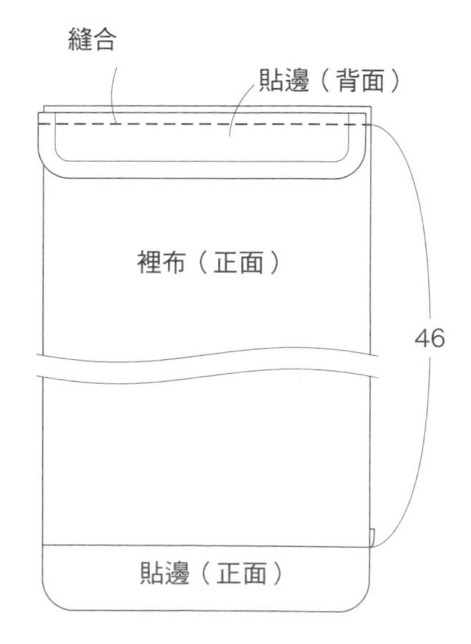

縫合
貼邊（背面）
裡布（正面）
46
貼邊（正面）

4. 對齊表布與裡布，縫合周圍。

5. 袋布進行壓線、刺繡。

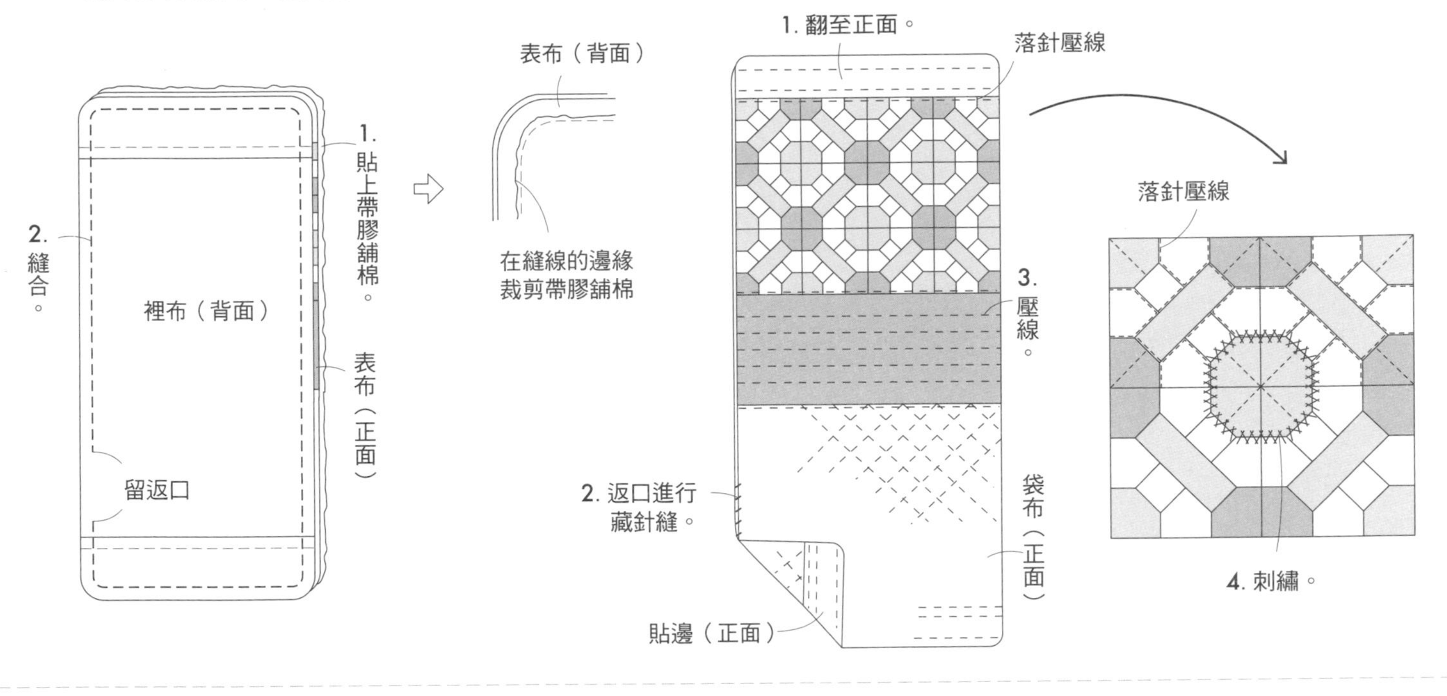
1. 貼上帶膠鋪棉。
2. 縫合。
裡布（背面）
表布（正面）
留返口
表布（背面）
在縫線的邊緣
裁剪帶膠鋪棉
1. 翻至正面。
落針壓線
3. 壓線。
2. 返口進行
藏針縫。
袋布（正面）
貼邊（正面）
落針壓線
4. 刺繡。

6. 縫合側身，進行壓線。

7. 口袋進行壓線、滾邊。

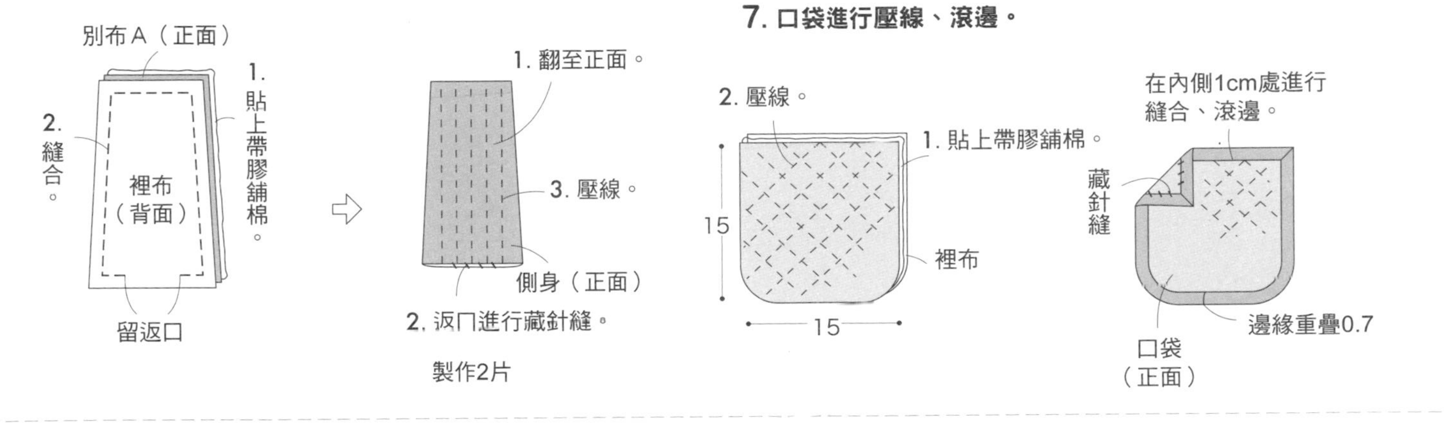
別布A（正面）
1. 貼上帶膠鋪棉。
2. 縫合。
裡布
（背面）
留返口
1. 翻至正面。
3. 壓線。
側身（正面）
2. 返口進行藏針縫。
製作2片
2. 壓線。
1. 貼上帶膠鋪棉。
15
裡布
15
在內側1cm處進行
縫合、滾邊。
藏針縫
邊緣重疊0.7
口袋
（正面）

8. 袋布加上口袋。

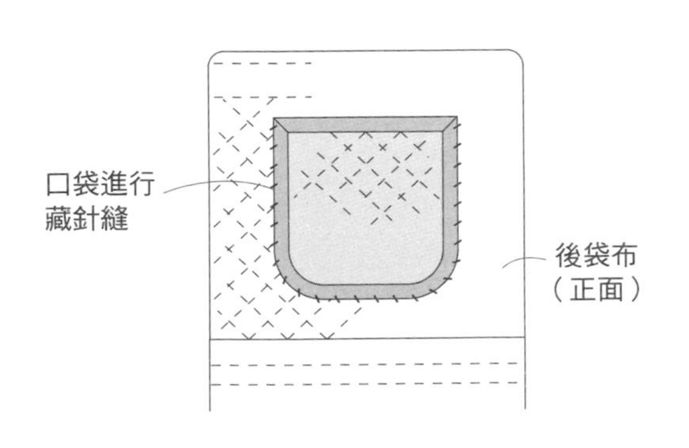
口袋進行
藏針縫
後袋布
（正面）

9. 縫合袋布與側身。

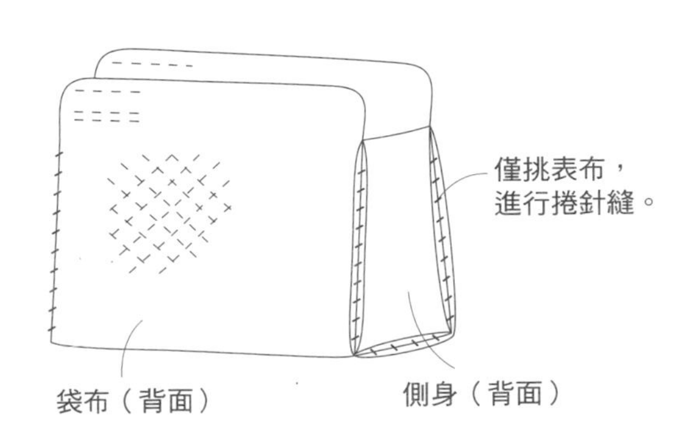
僅挑表布，
進行捲針縫。
袋布（背面）
側身（背面）

下頁接續

10. 製作提把。

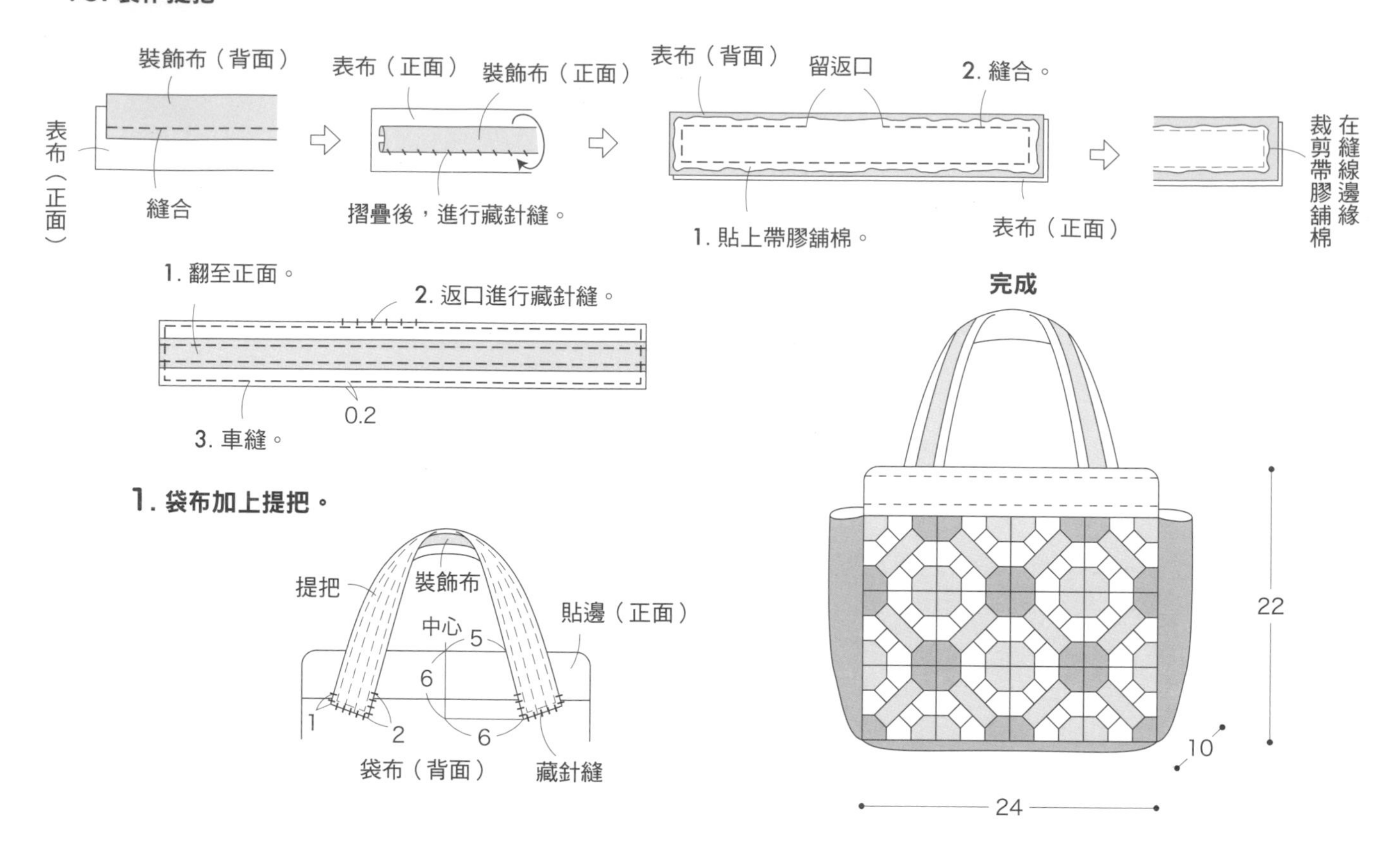

裝飾布（背面）
表布（正面）
縫合
表布（正面）
裝飾布（正面）
摺疊後，進行藏針縫。
表布（背面）
留返口
2. 縫合。
1. 貼上帶膠鋪棉。
表布（正面）
在縫線邊緣裁剪帶膠鋪棉
1. 翻至正面。
2. 返口進行藏針縫。
0.2
3. 車縫。
完成
22
10
24
1. 袋布加上提把。
提把
裝飾布
貼邊（正面）
中心
5
6
1
2
6
袋布（背面）
藏針縫

P.14 NO.12 貓咪手機隨身包

材料

- 表布（淡棕色格紋）40cm 寬50cm
- 貼布縫用布適量
- 貼布襯 40 cm 寬45cm
- 裡布（米色印花布）40 cm 寬45cm
- 四合釦（直徑1.5cm）1組
- 25號繡線（棕色、黑色）
- 市售的掛帶1條

原寸紙型B面・紅色

釦絆2片
（表布）

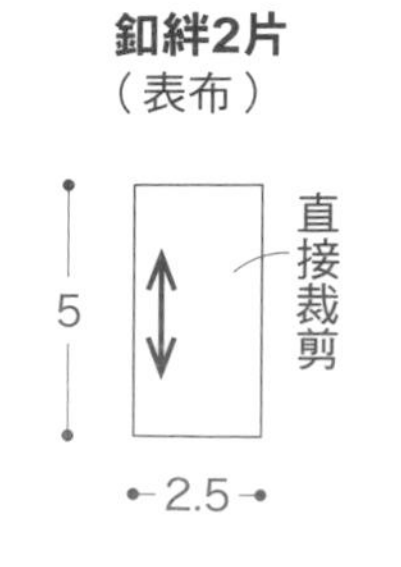

直接裁剪
5
2.5

袋布2片
（表布・貼布襯・裡布）

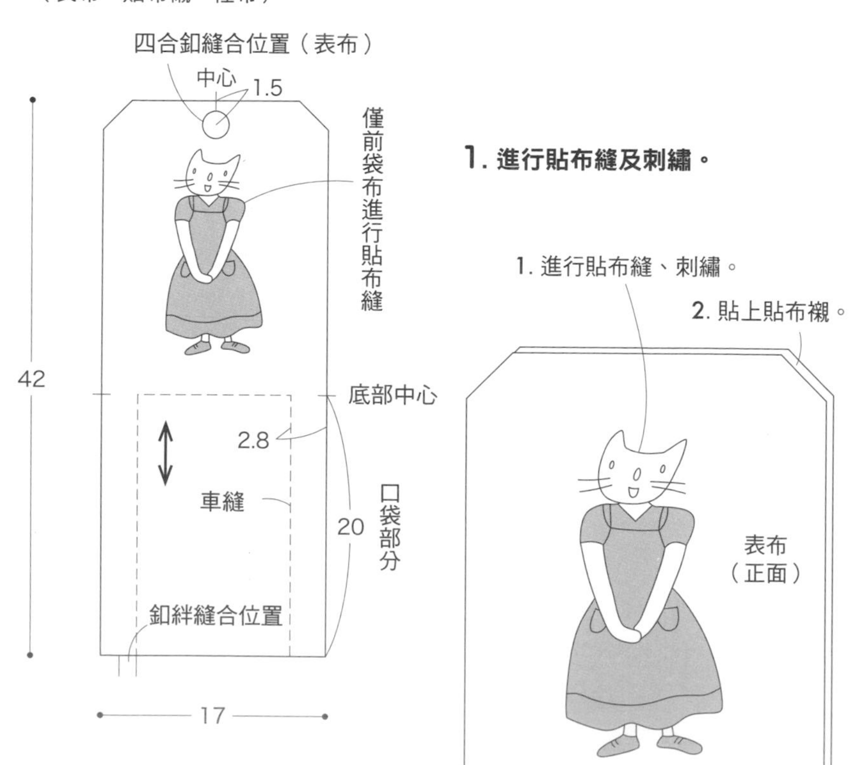

四合釦縫合位置（表布）
中心
1.5
僅前袋布進行貼布縫
42
底部中心
2.8
車縫
20
口袋部分
釦絆縫合位置
17
1. 進行貼布縫及刺繡。
1. 進行貼布縫、刺繡。
2. 貼上貼布襯。
表布（正面）

2. 縫合釦絆，暫時固定。

3. 對齊表布及裡布，縫合周圍。

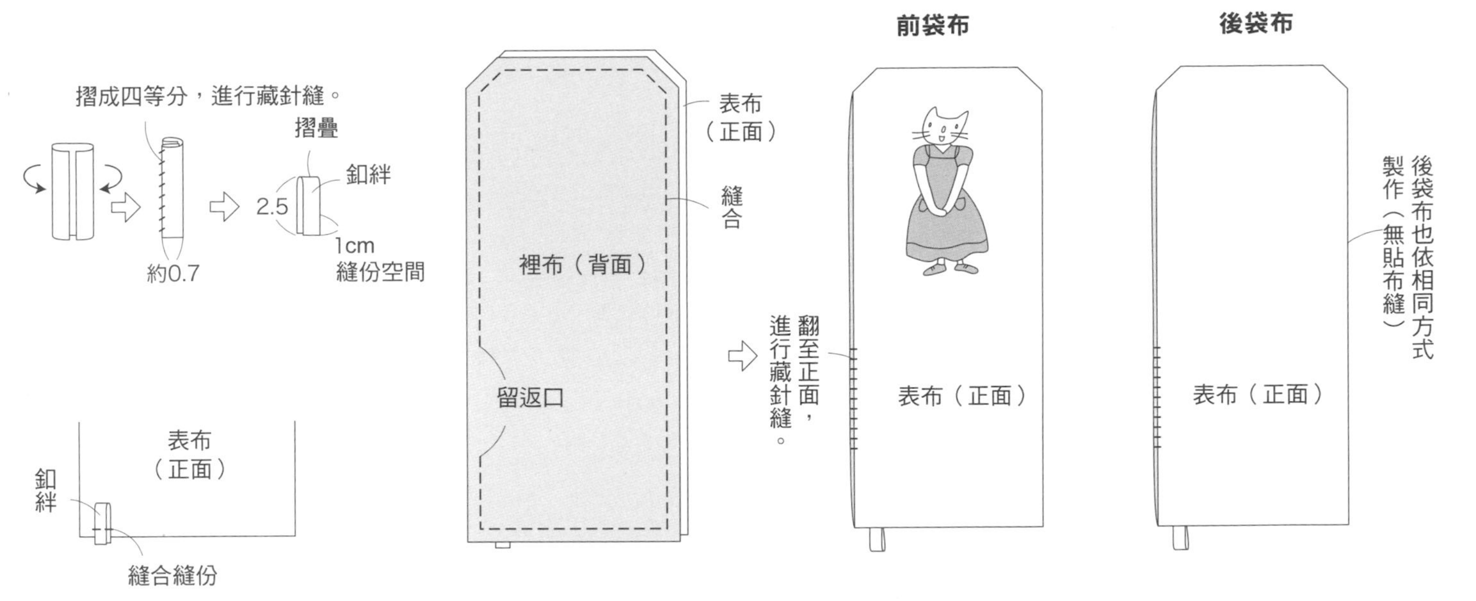
摺成四等分，進行藏針縫。
摺疊
釦絆
2.5
約0.7
1cm
縫份空間
表布
（正面）
釦絆
縫合縫份
表布
（正面）
縫合
裡布（背面）
留返口
翻至正面，進行藏針縫。
前袋布
表布（正面）
後袋布
後袋布也依相同方式製作（無貼布縫）
表布（正面）

4. 對齊前袋布與後袋布，進行縫合。

5. 依序縫合前袋布的脇邊、袋口。

6. 依序縫合後袋布的脇邊、袋口。

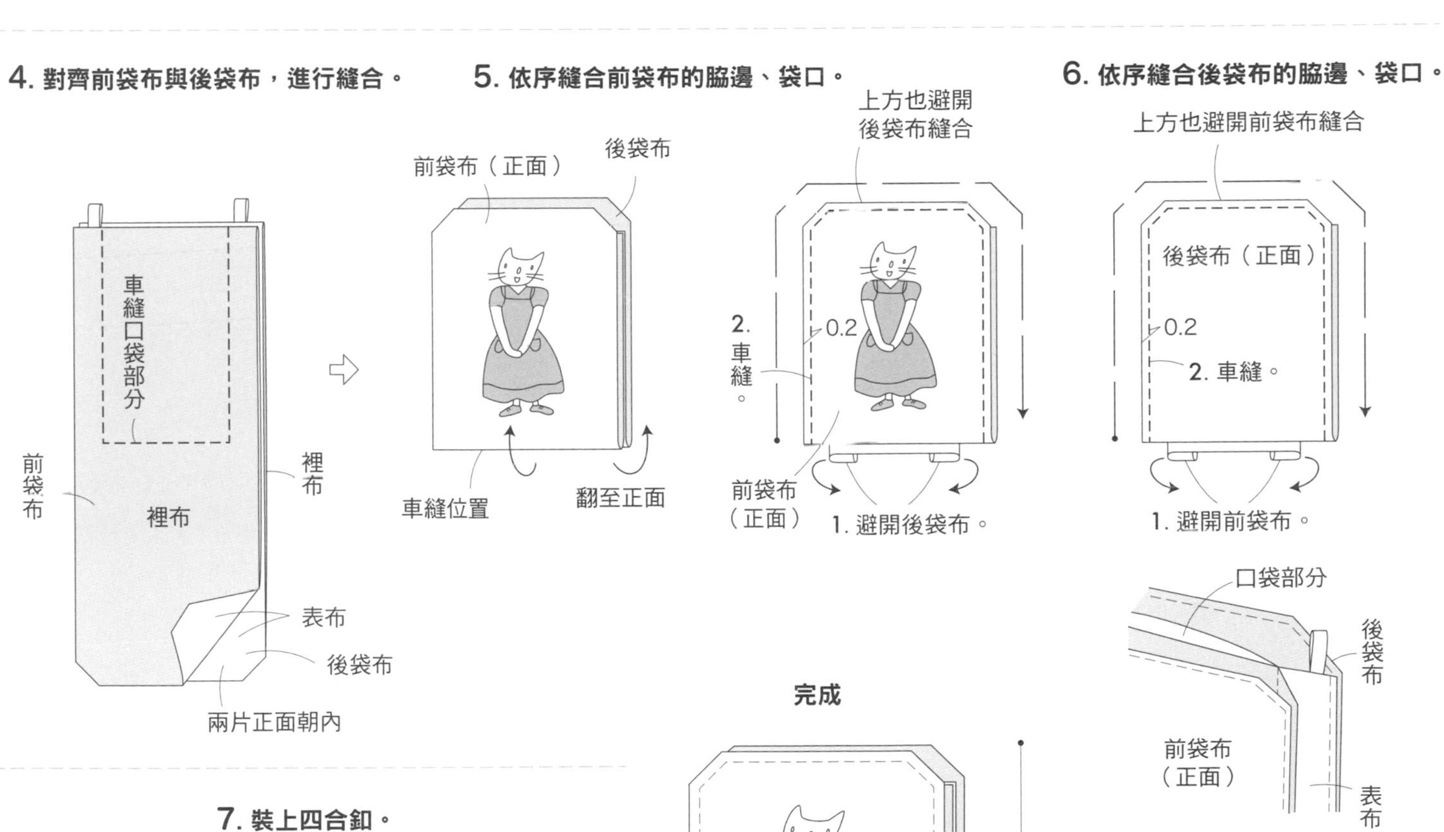
車縫口袋部分
前袋布
裡布
裡布
表布
後袋布
兩片正面朝內
前袋布（正面）
後袋布
車縫位置
翻至正面
上方也避開
後袋布縫合
2.
車縫。
0.2
前袋布
（正面）
1. 避開後袋布。
上方也避開前袋布縫合
後袋布（正面）
0.2
2. 車縫。
1. 避開前袋布。
口袋部分
後袋布
前袋布
（正面）
表布

7. 裝上四合釦。

裡布
（正面）
0.7
裝上四合釦

完成

22

17

※釦絆接上市售的掛帶

P.12 NO.10 四角形拼接提包

材料
- 表布（棕色、藍色格紋）40 cm 寬95cm
- 拼接布片合計約 110 cm 寬50cm
- 帶膠舖棉95 cm 寬45cm
- 裡布（米色印花布）95 cm 寬30cm

原寸紙型B面・黑色

袋布1片
（表布・帶膠舖棉・裡布）

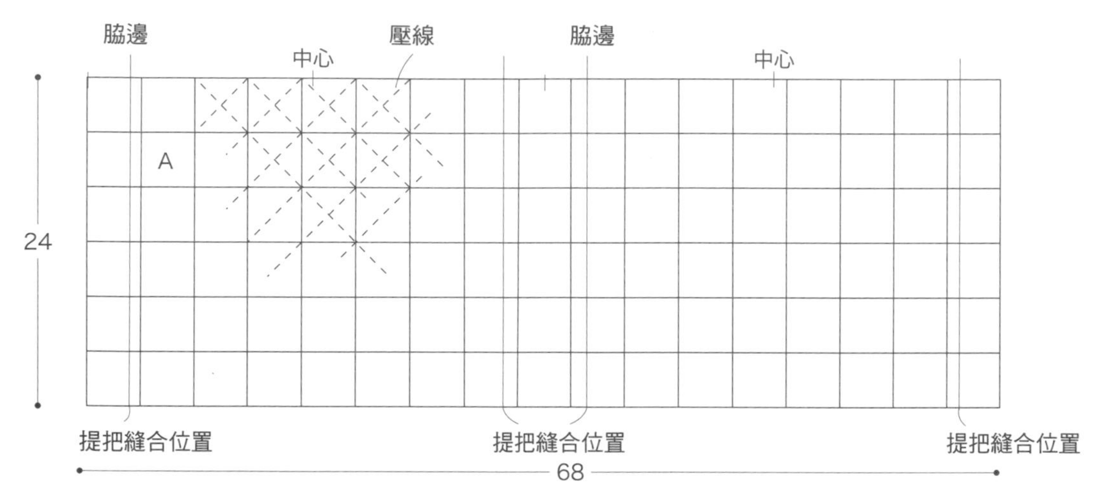

脇邊
中心
壓線
脇邊
中心
A
24
提把縫合位置
提把縫合位置
提把縫合位置
68

提把1條
（表布2片・帶膠舖棉1片）

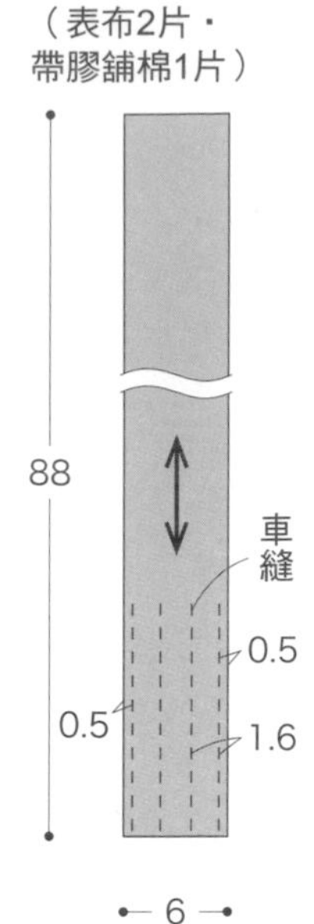

88
車縫
0.5
0.5
1.6
6

底部1片（表布・帶膠舖棉 裡布）

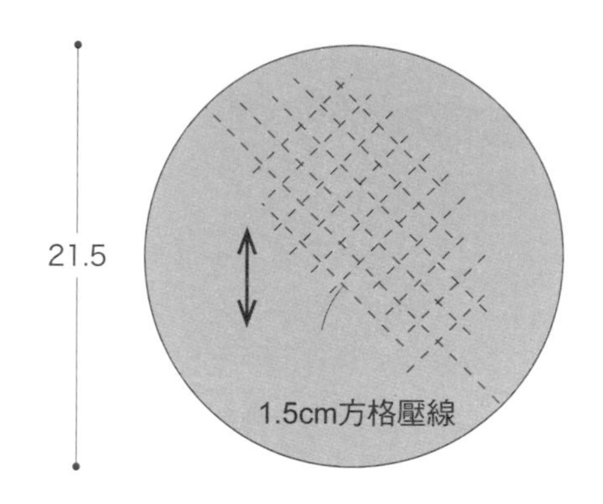

21.5
1.5cm方格壓線

1. 縫合布片，製作表布。

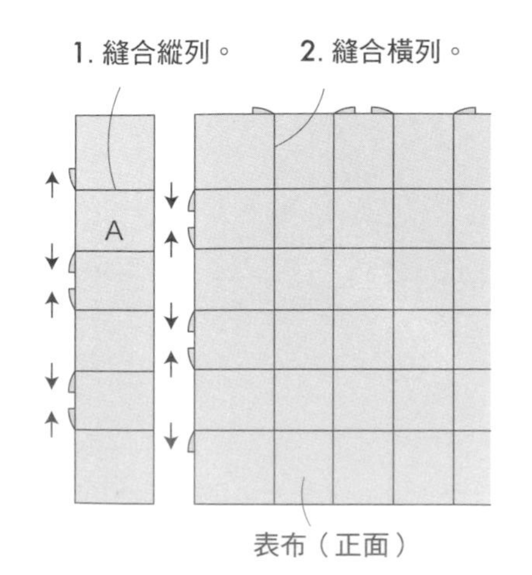

縫份往箭頭方向倒向
1. 縫合縱列。
2. 縫合橫列。
A
表布（正面）

2. 對齊表布及裡布，縫合袋口。

3. 袋布進行壓線。

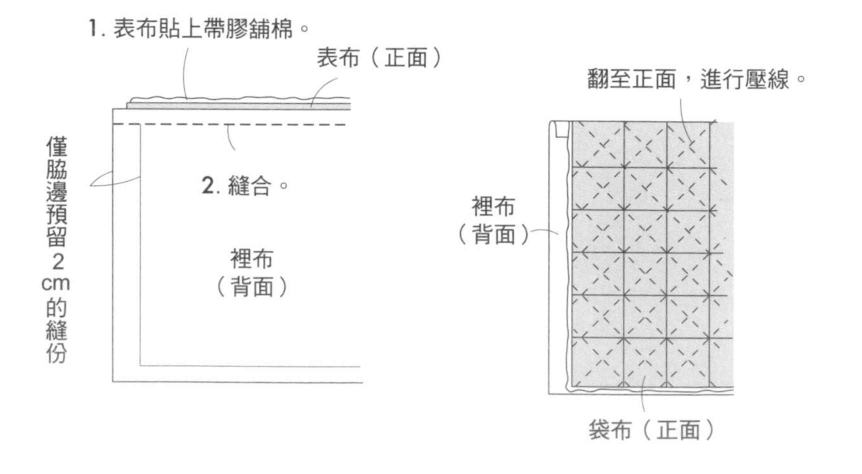

1. 表布貼上帶膠舖棉。
表布（正面）
僅脇邊預留2cm的縫份
2. 縫合。
裡布
（背面）
翻至正面，進行壓線。
裡布
（背面）
袋布（正面）

4. 底部進行壓線。

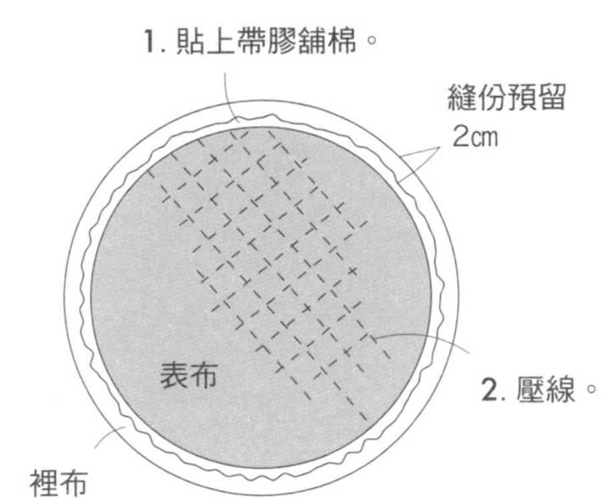
1. 貼上帶膠舖棉。
縫份預留
2cm
表布
2. 壓線。
裡布

5. 縫合袋布的脇邊。

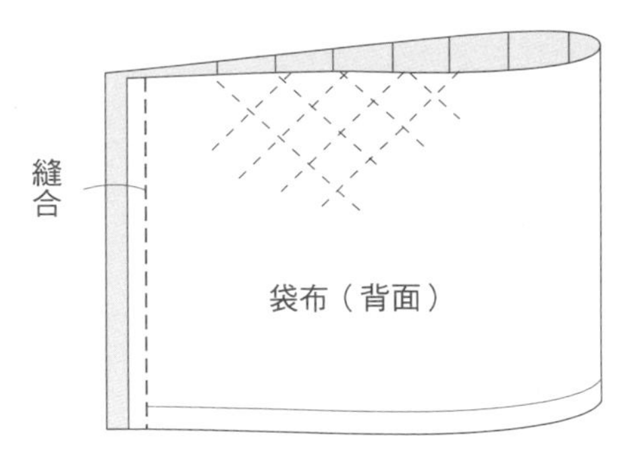
縫合
袋布（背面）

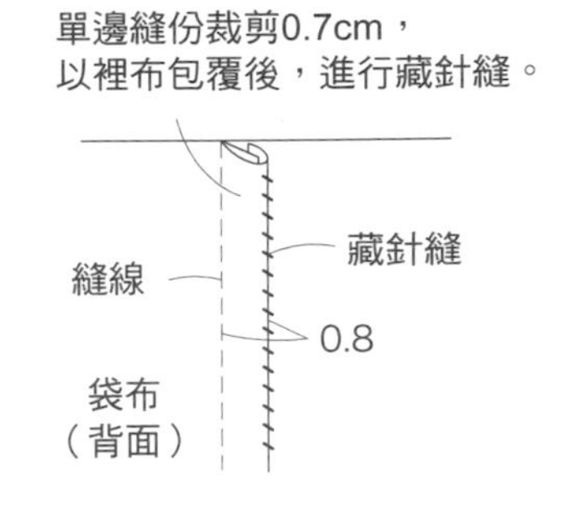
單邊縫份裁剪0.7cm，
以裡布包覆後，進行藏針縫。
藏針縫
縫線
0.8
袋布
（背面）

6. 製作提把。

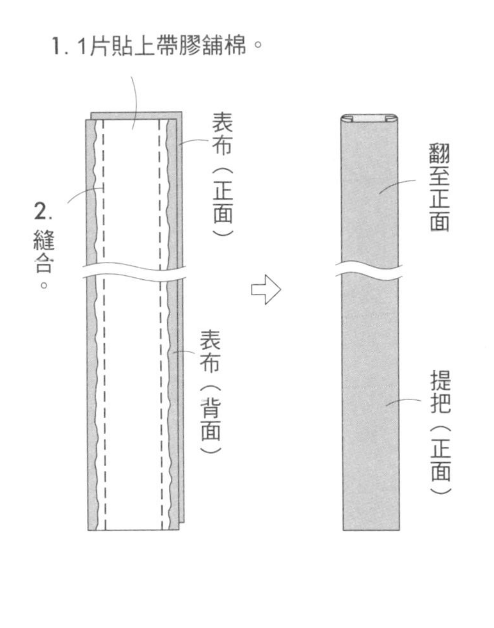
1. 1片貼上帶膠舖棉。
表布（正面）
2. 縫合。
表布（背面）
翻至正面
提把（正面）

7. 提把重疊於袋布上縫合。

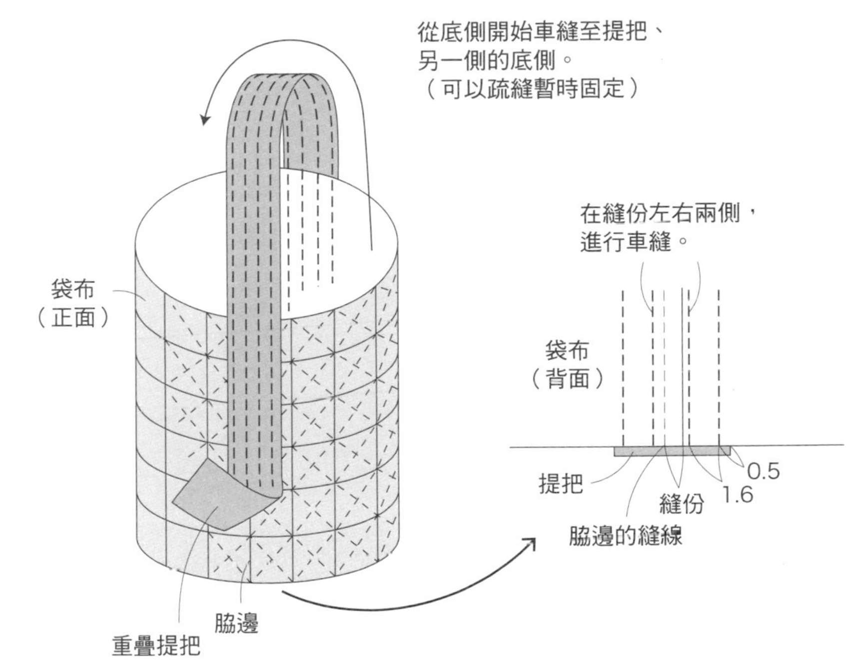
從底側開始車縫至提把、
另一側的底側。
（可以疏縫暫時固定）
袋布
（正面）
重疊提把
脇邊
在縫份左右兩側，
進行車縫。
袋布
（背面）
提把
縫份
0.5
1.6
脇邊的縫線

8. 縫合袋布與底部。

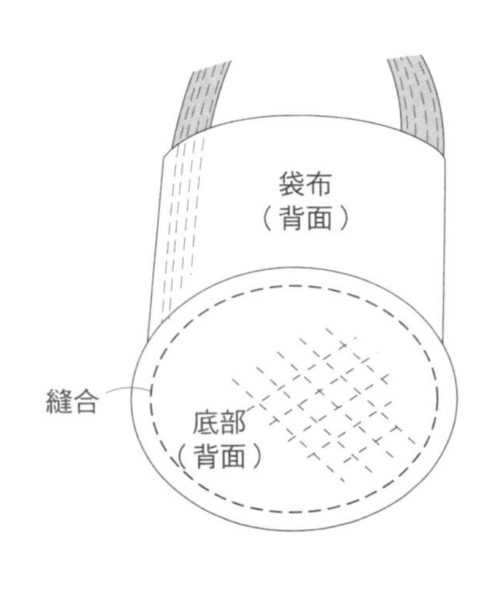
袋布
（背面）
縫合
底部
（背面）

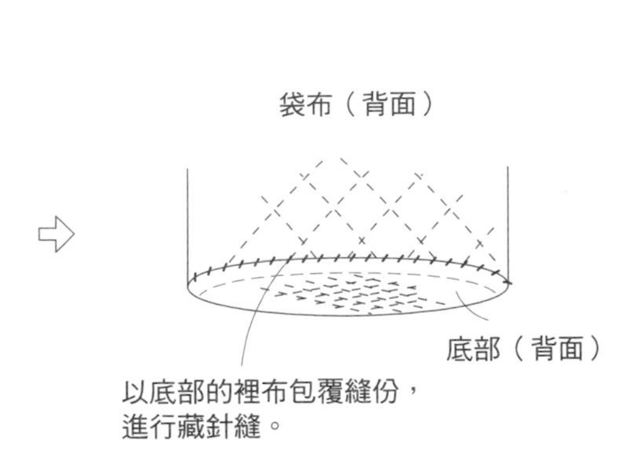
袋布（背面）
底部（背面）
以底部的裡布包覆縫份，
進行藏針縫。

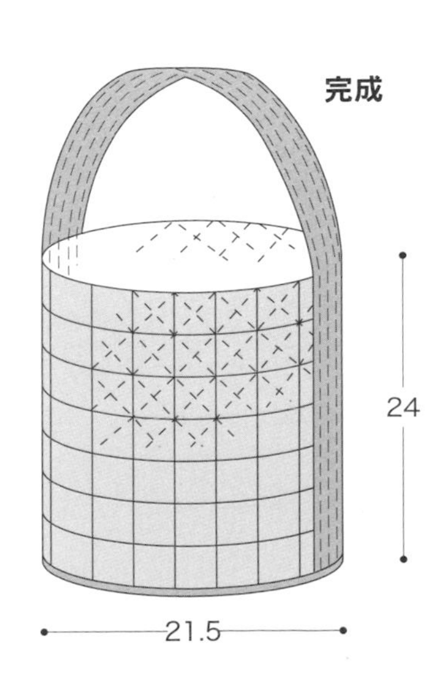
完成
24
21.5

P.13 NO.*11* 四角形束口包

材料

- 表布（淡灰色素色）75cm 寬50cm
- 別布（淡棕色素色）30cm 寬20cm
- 貼布縫用布、繩帶裝飾布 適量
- 帶膠鋪棉 70cm 寬70cm
- 裡布（藍色印花布）70cm 寬50cm
- 圓繩（粗細6mm）170cm
- 8號繡線（米色）

原寸紙型B面・黑色

中袋1片（裡布）

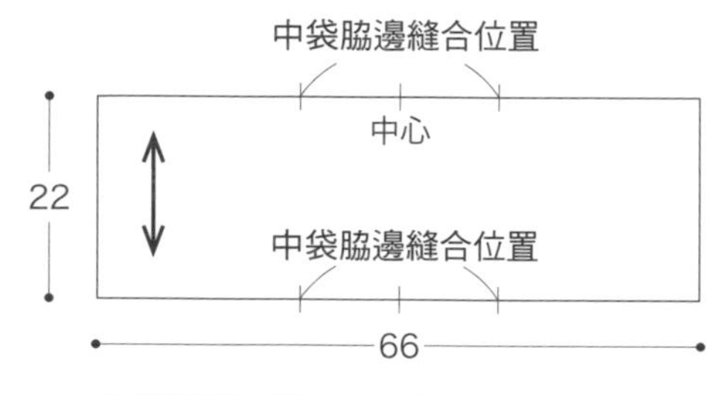

中袋脇邊縫合位置
中心
22
中袋脇邊縫合位置
66

中袋脇邊2片（裡布）

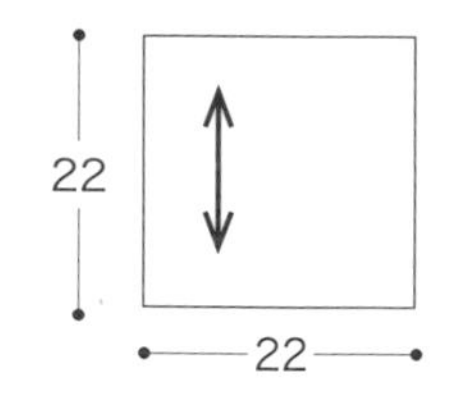

22
22

口布4片（別布・帶膠鋪棉）

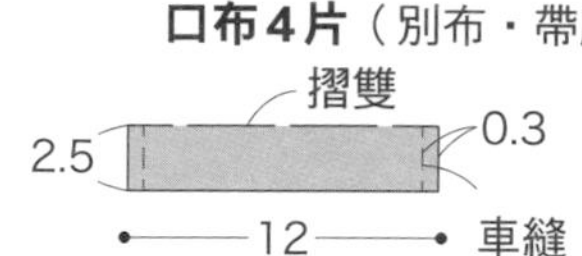

摺雙
2.5
0.3
12
車縫

袋布1片
（表布・帶膠鋪棉）

口布縫合位置
＝☆
5
5
袋布a
表布
落針壓線
表布
表布
66 ☆
☆
2.5cm
方格壓線
表布
袋布b
22
袋布b
表布
22
袋布a
☆
66

繩帶裝飾布2片

1. 袋布進行貼布縫、刺繡。

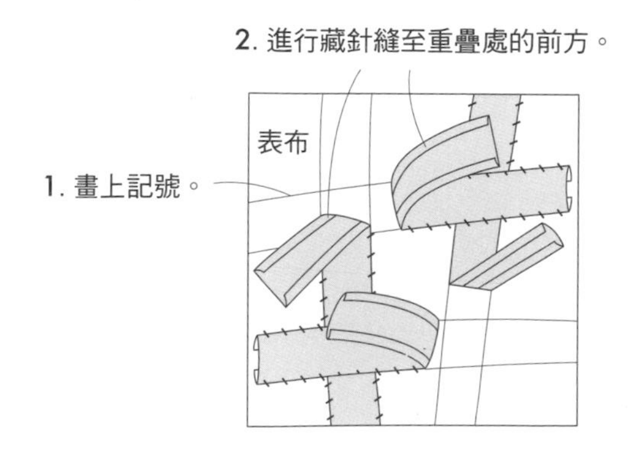

2. 進行藏針縫至重疊處的前方。
表布
1. 畫上記號。

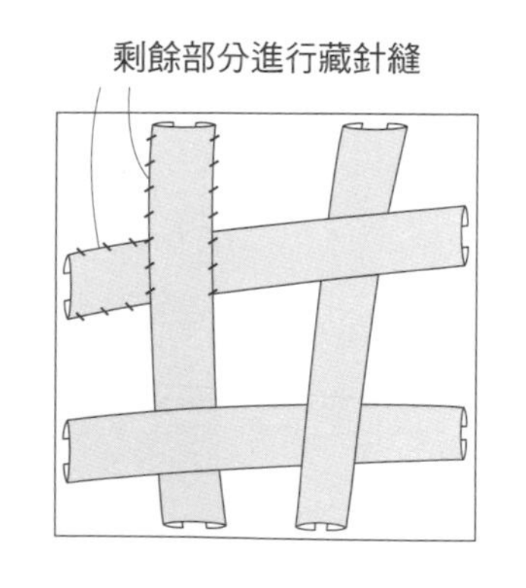

剩餘部分進行藏針縫

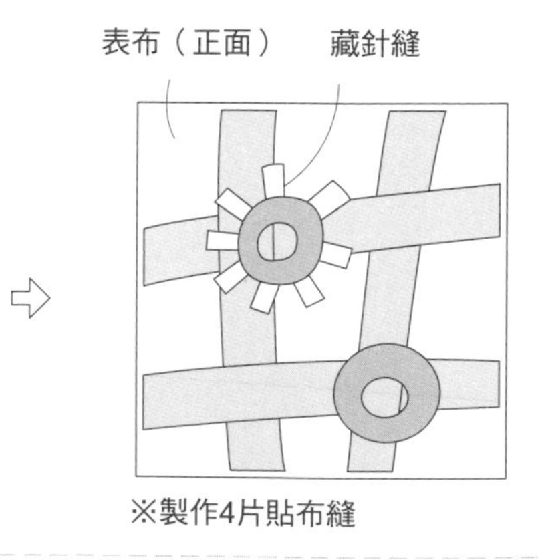

表布（正面）
藏針縫

※製作4片貼布縫

2. 製作口布。

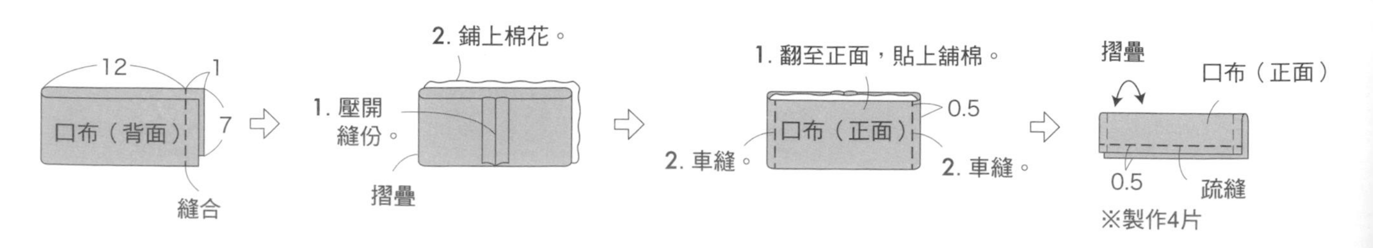

12
1
7
口布（背面）
縫合
2. 鋪上棉花。
1. 壓開縫份。
摺疊
1. 翻至正面，貼上鋪棉。
0.5
口布（正面）
2. 車縫。
2. 車縫。
摺疊
口布（正面）
0.5
疏縫
※製作4片

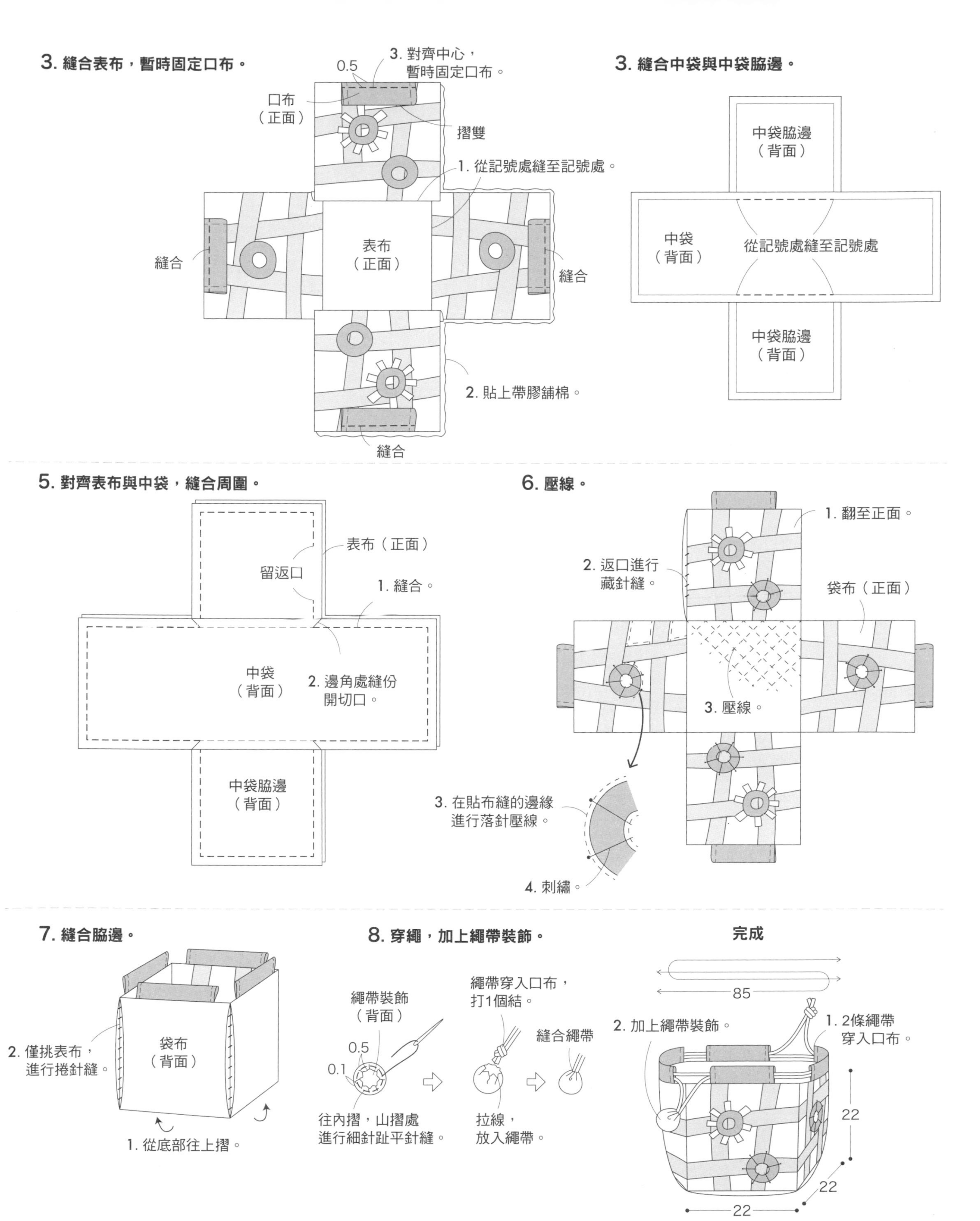
3. 縫合表布，暫時固定口布。
0.5
3. 對齊中心，
暫時固定口布。
口布
（正面）
摺雙
1. 從記號處縫至記號處。
縫合
表布
（正面）
縫合
2. 貼上帶膠舖棉。
縫合
3. 縫合中袋與中袋脇邊。
中袋脇邊
（背面）
中袋
（背面）
從記號處縫至記號處
中袋脇邊
（背面）
5. 對齊表布與中袋，縫合周圍。
表布（正面）
留返口
1. 縫合。
中袋
（背面）
2. 邊角處縫份
開切口。
中袋脇邊
（背面）
6. 壓線。
1. 翻至正面。
2. 返口進行
藏針縫。
袋布（正面）
3. 壓線。
3. 在貼布縫的邊緣
進行落針壓線。
4. 刺繡。
7. 縫合脇邊。
2. 僅挑表布，
進行捲針縫。
袋布
（背面）
1. 從底部往上摺。
8. 穿繩，加上繩帶裝飾。
繩帶裝飾
（背面）
0.5
0.1
往內摺，山摺處
進行細針趾平針縫。
繩帶穿入口布，
打1個結。
拉線，
放入繩帶。
縫合繩帶
完成
85
2. 加上繩帶裝飾。
1. 2條繩帶
穿入口布。
22
22
22

P.16 NO.17 庭院風景束口袋

材料
- 表布（米色格紋）55cm 寬35cm
- 別布（棕色格紋）55cm 寬40cm
- 貼布縫用布 適量
- 帶膠鋪棉 55cm 寬35cm
- 裡布（米色印花布）55cm 寬35cm
- 繩帶（寬4mm）160cm 3條
- 25號繡線（黑色）
- 8號繡線（棕色、淡棕色、綠色、紅色、粉紅色、段染綠色）

原寸紙型B面・黑色

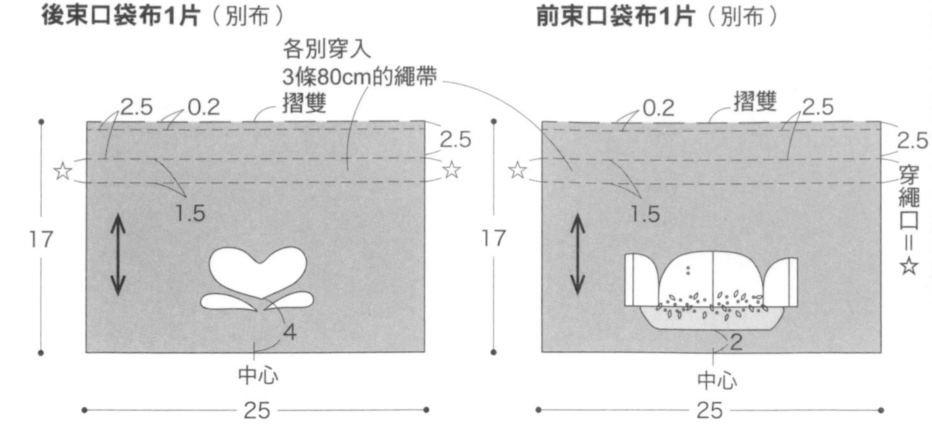

後束口袋布1片（別布）
前束口袋布1片（別布）
各別穿入
3條80cm的繩帶
摺雙
2.5
0.2
1.5
17
4
中心
25
2
穿繩口＝☆

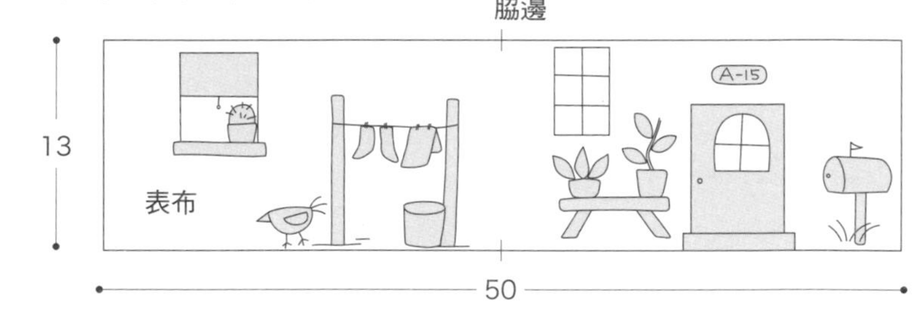

袋布1片（表布・帶膠鋪棉・裡布）
脇邊
13
表布
A-15
50

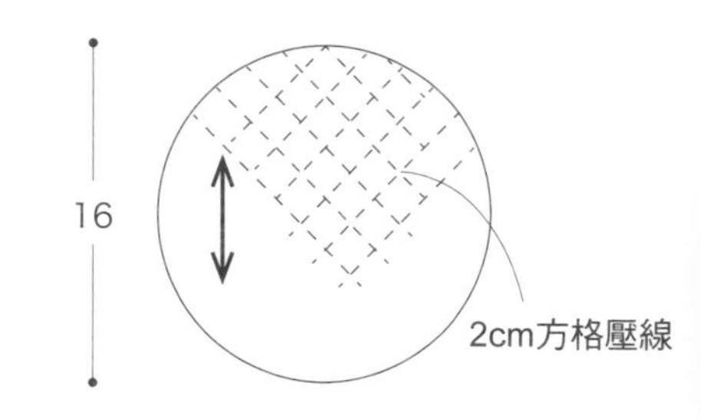

底部1片（表布・帶膠鋪棉・裡布）
16
2cm方格壓線

1. 袋布製作貼布縫，貼上鋪棉。

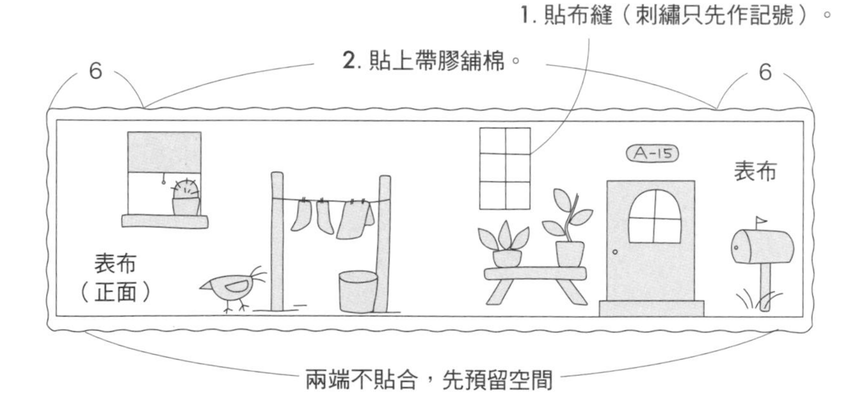

1. 貼布縫（刺繡只先作記號）。
2. 貼上帶膠鋪棉。
6
6
A-15
表布
表布
（正面）
兩端不貼合，先預留空間

2. 縫合表布的脇邊，貼合剩下的鋪棉。

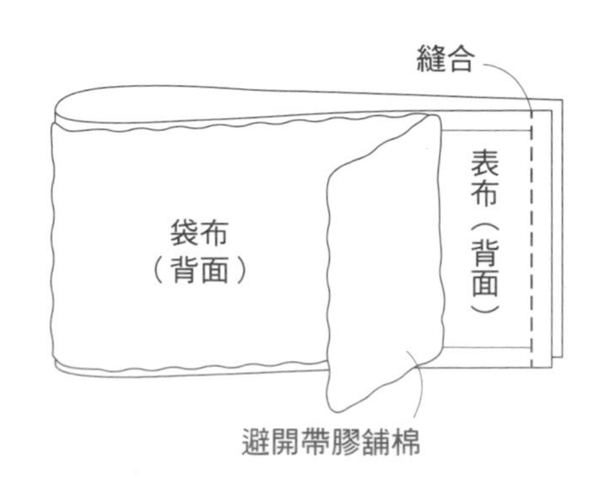

縫合
袋布
（背面）
表布（背面）
避開帶膠鋪棉

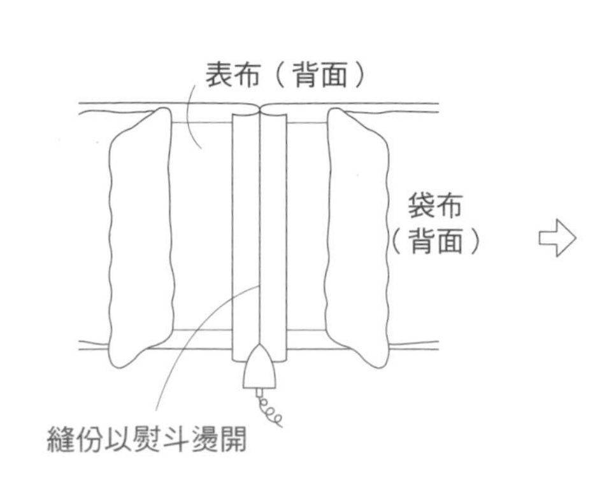

表布（背面）
袋布
（背面）
縫份以熨斗燙開

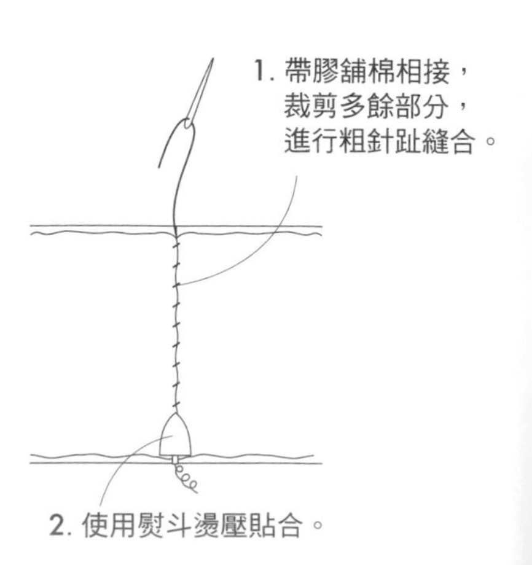

1. 帶膠鋪棉相接，
裁剪多餘部分，
進行粗針趾縫合。
2. 使用熨斗燙壓貼合。

3. 翻至正面。

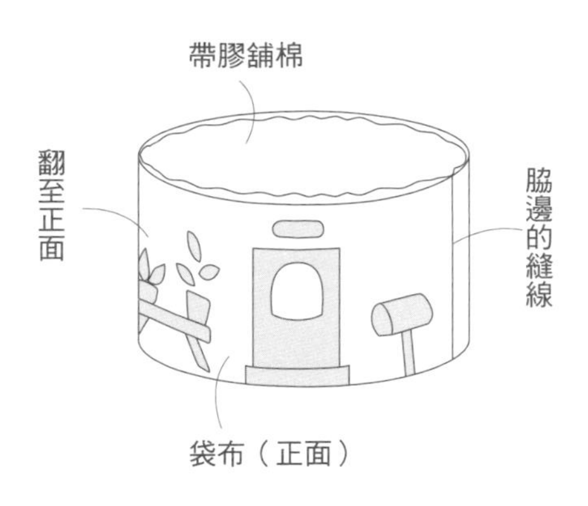
帶膠鋪棉
翻至正面
脇邊的縫線
袋布（正面）

4. 在束口袋布上製作貼布縫。

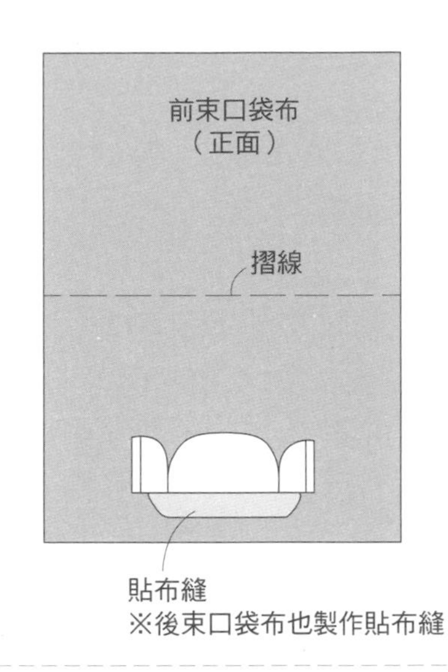
前束口袋布
（正面）
摺線
貼布縫
※後束口袋布也製作貼布縫

5. 對齊前束口袋布與後束口袋布，縫合脇邊。

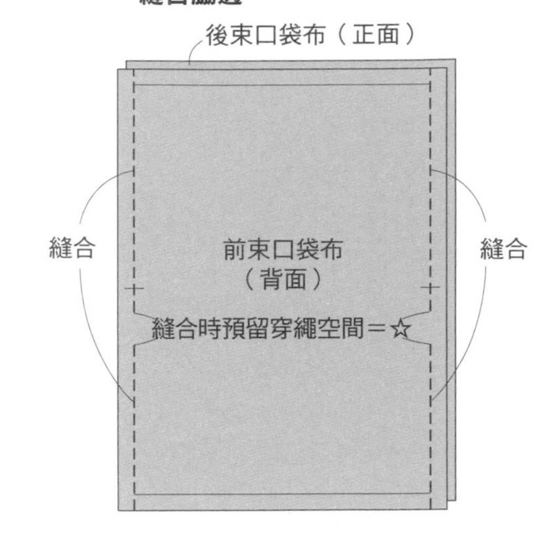
後束口袋布（正面）
縫合
前束口袋布
（背面）
縫合
縫合時預留穿繩空間＝☆

6. 翻至正面，縫合穿繩空間。

7. 袋布與束口袋布正面相對。

8. 縫合裡布的脇邊。

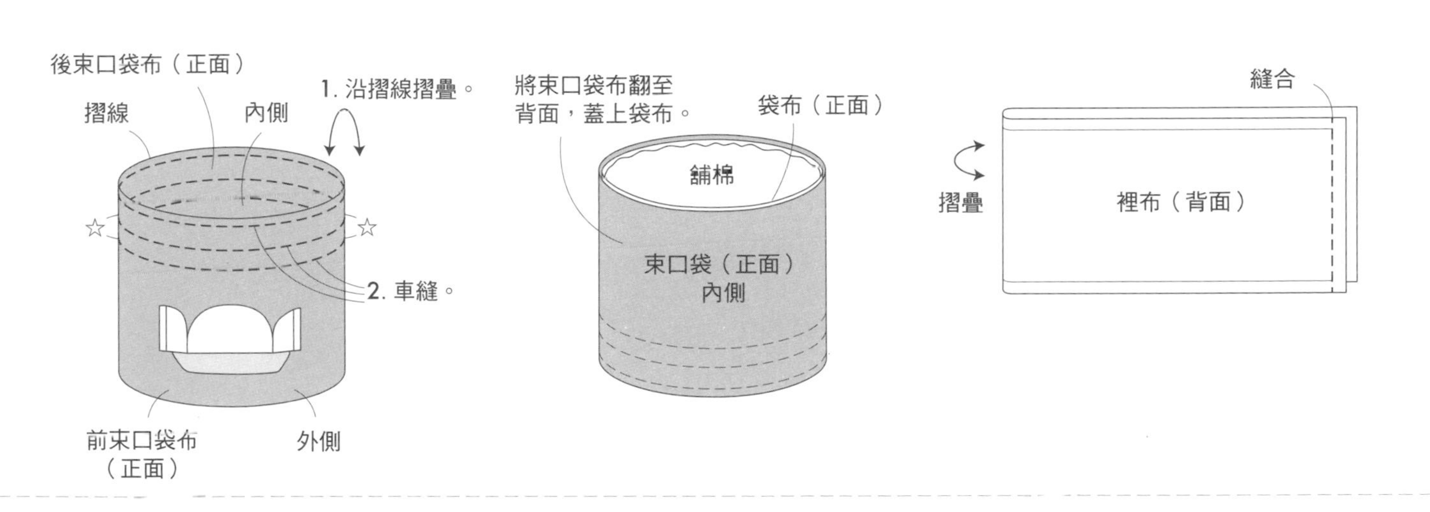
後束口袋布（正面）
1. 沿摺線摺疊。
摺線
內側
☆
☆
2. 車縫。
前束口袋布
（正面）
外側
將束口袋布翻至
背面，蓋上袋布。
袋布（正面）
鋪棉
束口袋（正面）
內側
縫合
摺疊
裡布（背面）

9. 束口袋與裡布正面相對，縫合袋口。

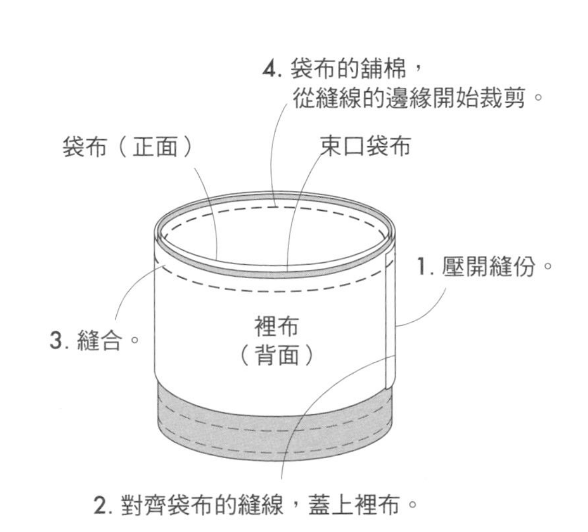
4. 袋布的鋪棉，
從縫線的邊緣開始裁剪。
袋布（正面）
束口袋布
1. 壓開縫份。
3. 縫合。
裡布
（背面）
2. 對齊袋布的縫線，蓋上裡布。

10. 翻至正面，進行刺繡、壓線。

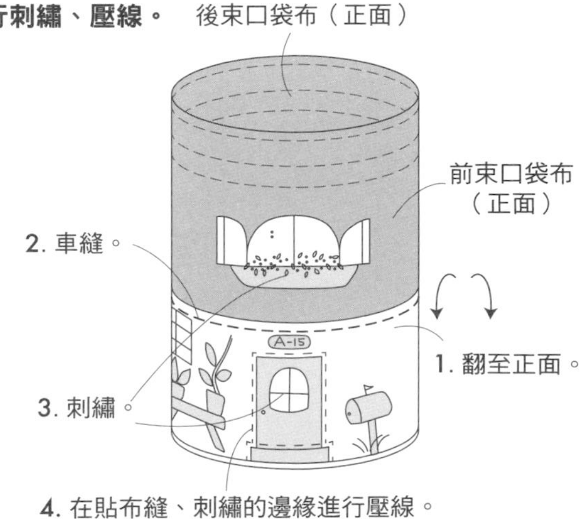
後束口袋布（正面）
前束口袋布
（正面）
2. 車縫。
A-15
1. 翻至正面。
3. 刺繡。
4. 在貼布縫、刺繡的邊緣進行壓線。

※接續下頁

11. 底部壓線。

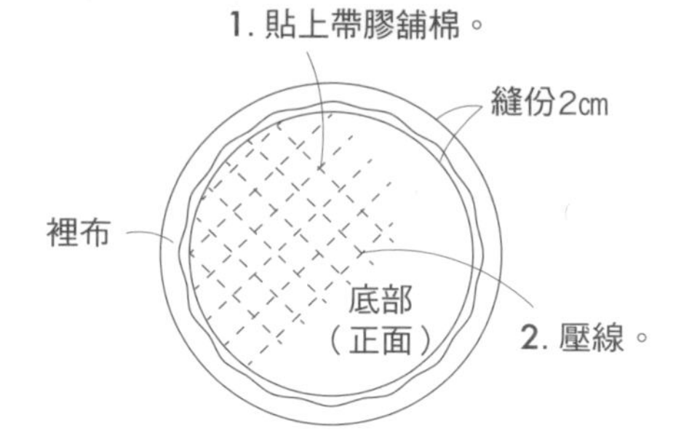
1. 貼上帶膠鋪棉。
縫份2cm
裡布
底部
（正面）
2. 壓線。

12. 縫合袋布與底部。

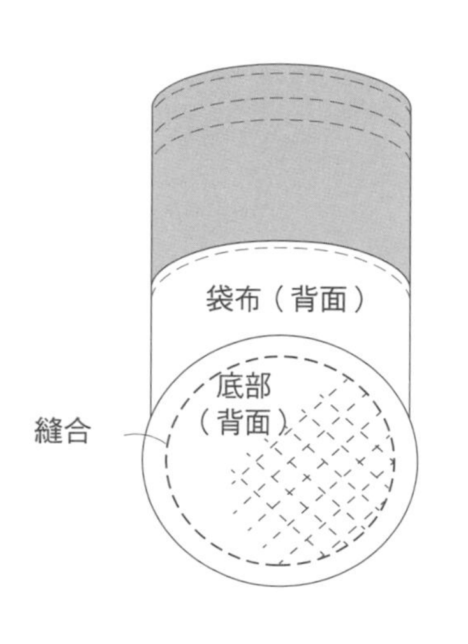
袋布（背面）
底部
（背面）
縫合

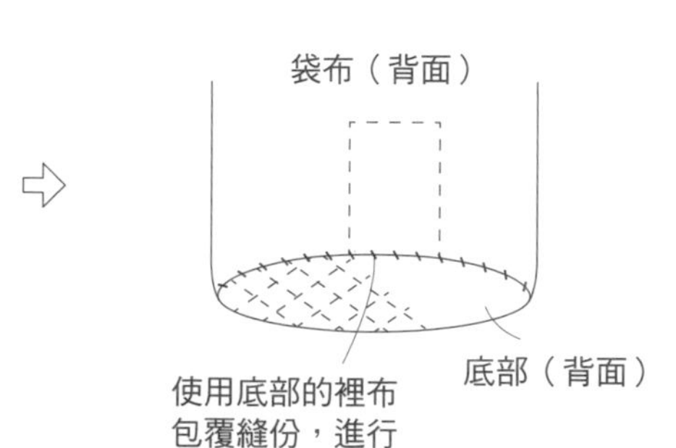
袋布（背面）
使用底部的裡布
包覆縫份，進行
藏針縫。
底部（背面）

13. 穿入繩帶。

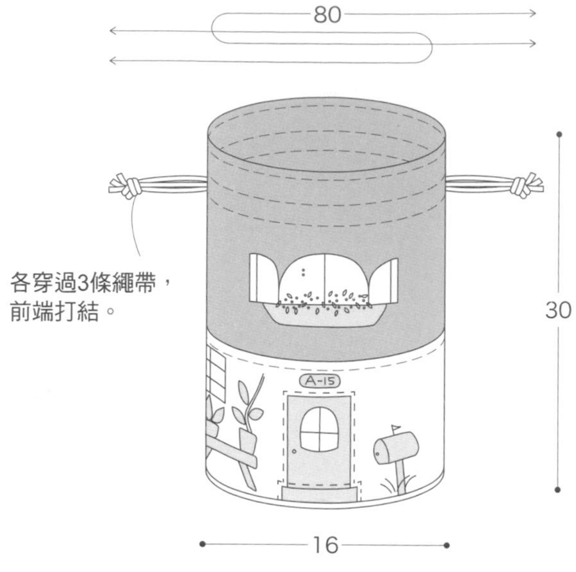
完成
80
各穿過3條繩帶，
前端打結。
30
16

P.17 NO.18 天晴洗衣日波奇包

材料

- 表布（米色編織布）25cm 寬25cm
- 別布（棕色格紋）40cm 寬10cm
- 釦絆A（粉紅色）8 cm 寬4cm
- 釦絆B（藍色格紋）8 cm 寬4cm
- 帶膠鋪棉 40 cm 寬 30cm
- 貼布縫用布適量
- 滾邊布（紅色格紋）3.5 cm 寬20cm 2條
- 裡布（綠色印花布）40 cm 寬30cm
- 拉鍊（20cm）1條
- 25號繡線（棕色、紅色、黑色）
- 8號繡線（棕色、米色、綠色）

原寸紙型B面・黑色

釦絆2個
（A布2片・B布2片）

袋布1片（表布・帶膠鋪棉・裡布）

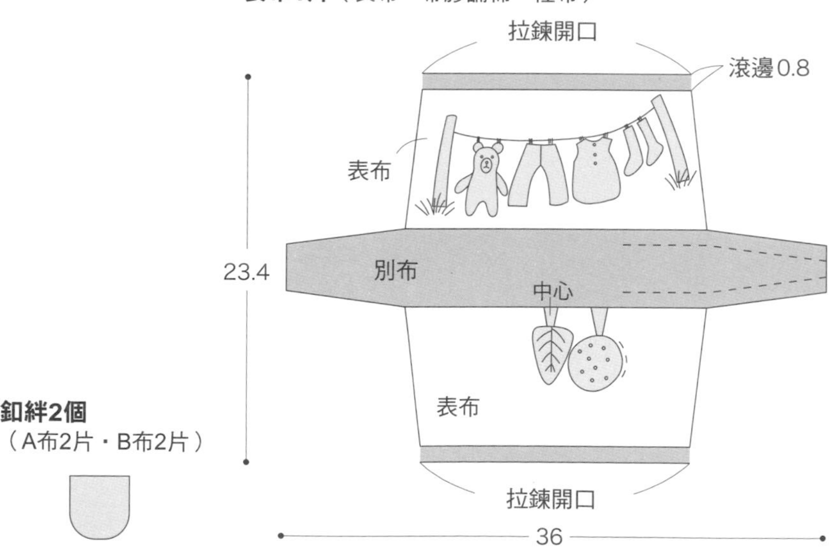
拉鍊開口
滾邊0.8
表布
23.4
別布
中心
表布
拉鍊開口
36

1. 製作貼布縫、刺繡。

貼布縫・刺繡
表布

2. 縫合袋布、製作表布。

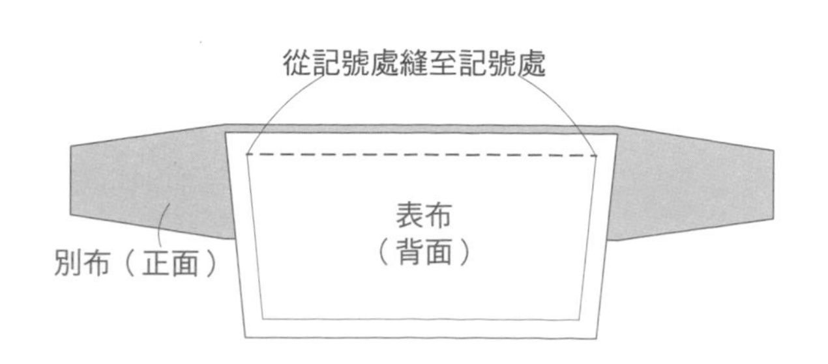
從記號處縫至記號處
表布
（背面）
別布（正面）

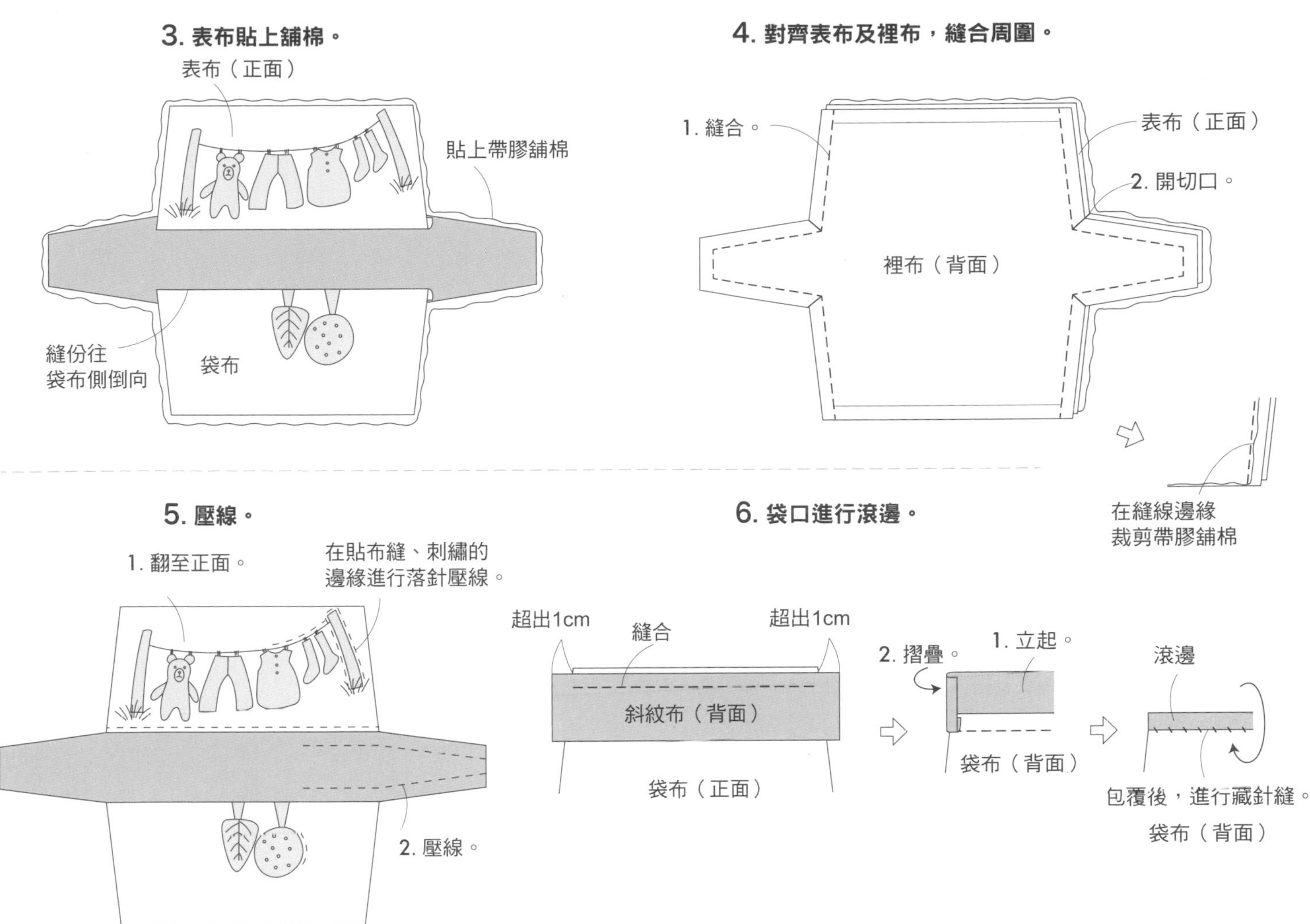
3. 表布貼上舖棉。
表布（正面）
貼上帶膠舖棉
縫份往
袋布側倒向
袋布
4. 對齊表布及裡布，縫合周圍。
1. 縫合。
表布（正面）
2. 開切口。
裡布（背面）
在縫線邊緣
裁剪帶膠舖棉
5. 壓線。
1. 翻至正面。
在貼布縫、刺繡的
邊緣進行落針壓線。
2. 壓線。
6. 袋口進行滾邊。
超出1cm
縫合
超出1cm
斜紋布（背面）
袋布（正面）
2. 摺疊。
1. 立起。
袋布（背面）
滾邊
包覆後，進行藏針縫。
袋布（背面）

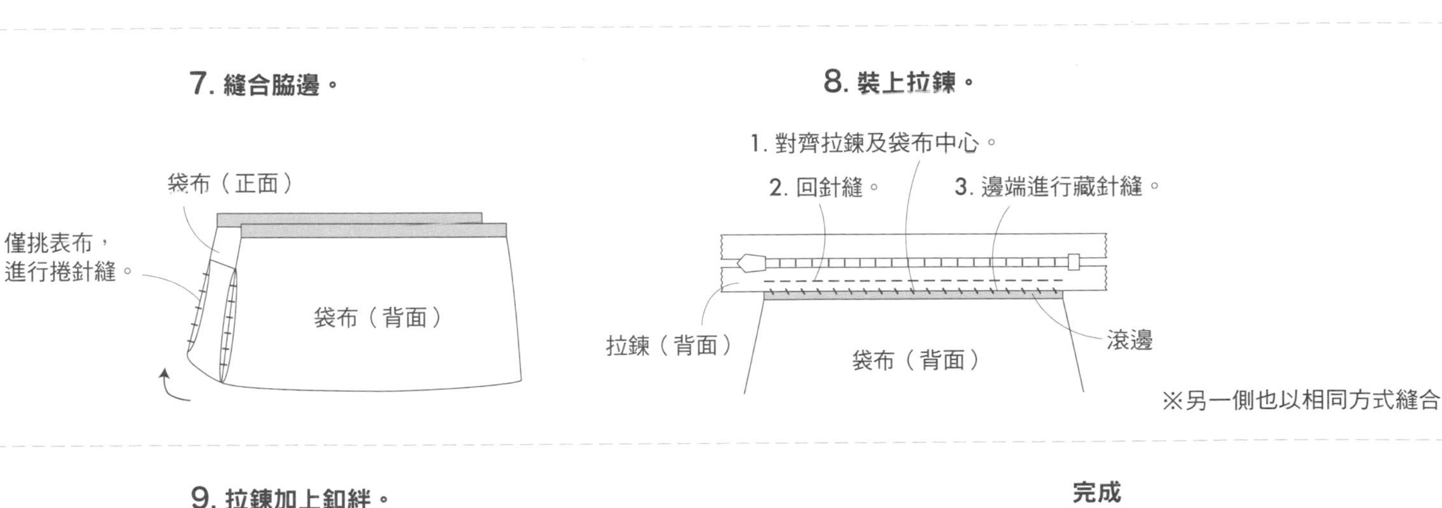
7. 縫合脇邊。
袋布（正面）
僅挑表布，
進行捲針縫。
袋布（背面）
8. 裝上拉鍊。
1. 對齊拉鍊及袋布中心。
2. 回針縫。
3. 邊端進行藏針縫。
拉鍊（背面）
袋布（背面）
滾邊
※另一側也以相同方式縫合

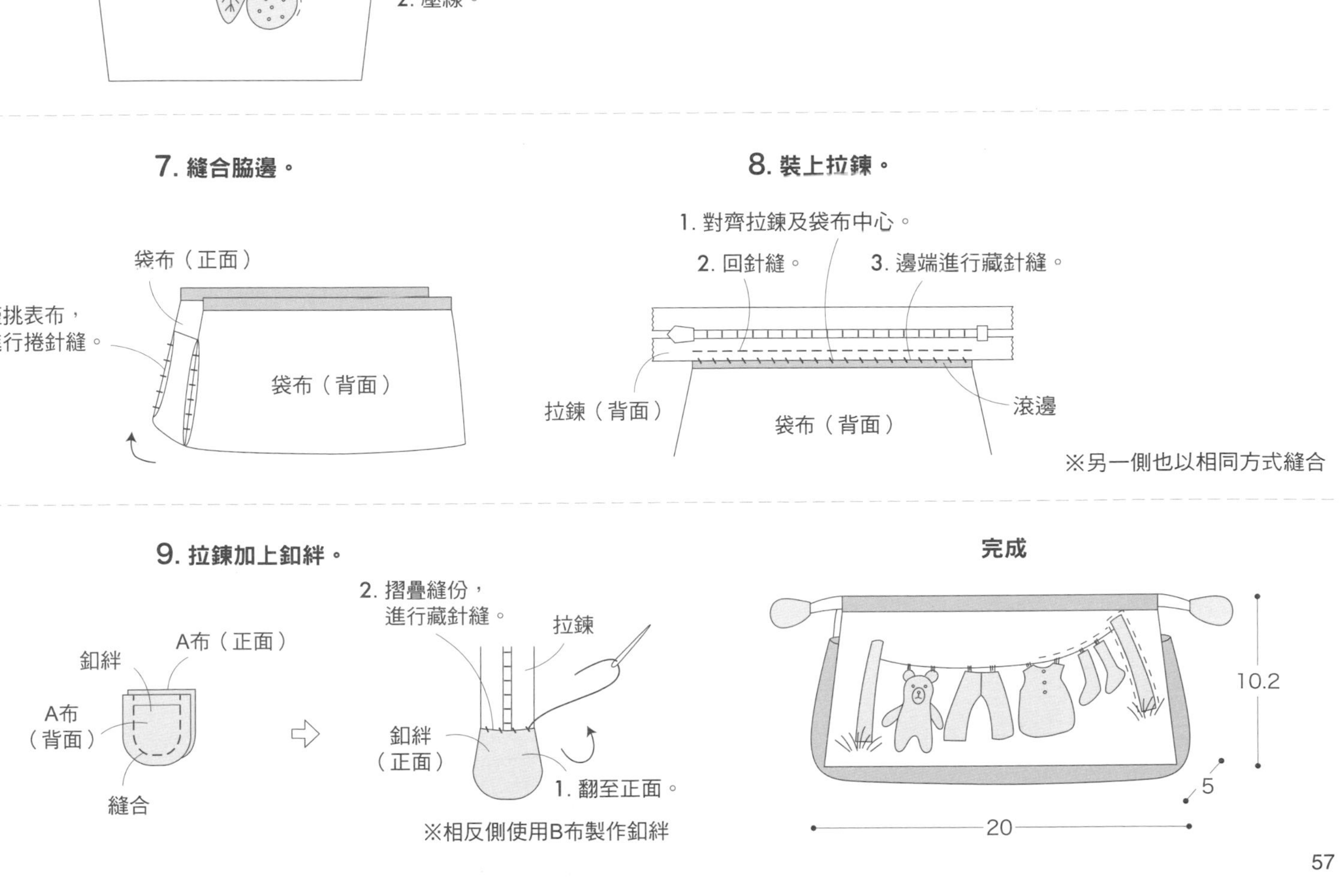
9. 拉鍊加上釦絆。
釦絆
A布（正面）
A布
（背面）
縫合
2. 摺疊縫份，
進行藏針縫。
拉鍊
釦絆
（正面）
1. 翻至正面。
※相反側使用B布製作釦絆
完成
10.2
5
20

材料

- 表布（棕色格紋）50cm 寬20cm
- 別布A（淡棕色格紋）20 cm 寬15cm
- 別布B（粉紅色格紋）25 cm 寬15cm
- 滾邊布（深棕色格紋）
  2.5 cm 寬21cm 的斜紋布 2條、55cm 1條
- 貼布縫用布、包釦用布適量
- 帶膠鋪棉 50 cm 寬30cm
- 裡布（米色印花布）50 cm 寬30cm
- 包釦（直徑2cm）1個
- 四合釦（直徑1.5cm）1組
- 拉鍊（20cm）1條
- 25號繡線（深棕色、芥黃色、綠色、淡灰色）

原寸紙型B面・黑色

前袋布1片（表布・帶膠鋪棉・裡布）

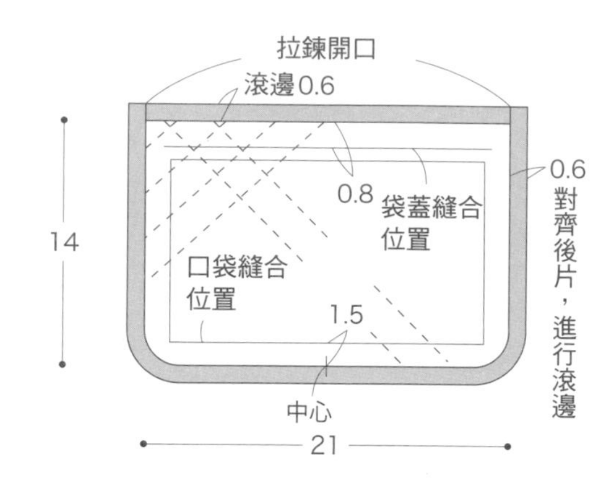

拉鍊開口
滾邊0.6
0.8
袋蓋縫合位置
0.6
對齊後片，進行滾邊
14
口袋縫合位置
1.5
中心
21

後袋布1片
（表布・帶膠鋪棉・裡布）

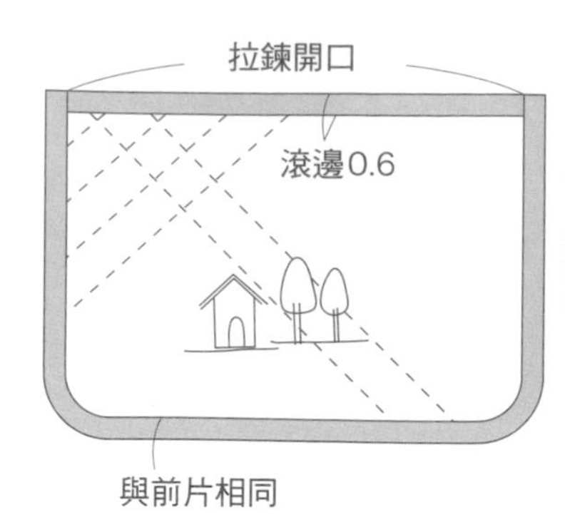

拉鍊開口
滾邊0.6
與前片相同

袋蓋1片
（別布B2片・帶膠鋪棉1片）

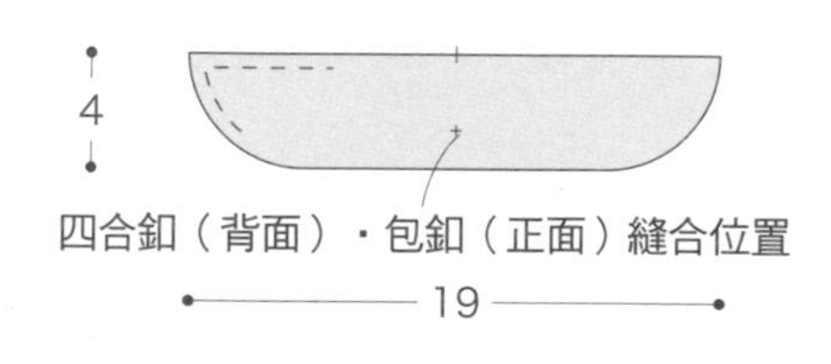

4
四合釦（背面）・包釦（正面）縫合位置
19

口袋1片
（別布A・帶膠鋪棉・裡布）

10.5
18

1. 製作袋蓋。

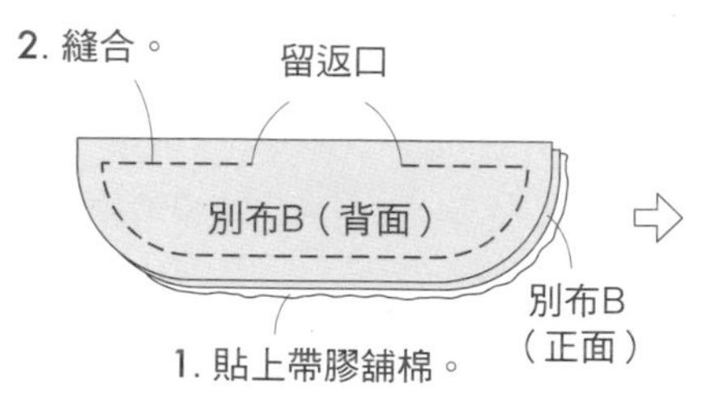

2. 縫合。
留返口
別布B（背面）
別布B（正面）
1. 貼上帶膠鋪棉。

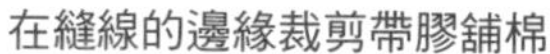

在縫線的邊緣裁剪帶膠鋪棉

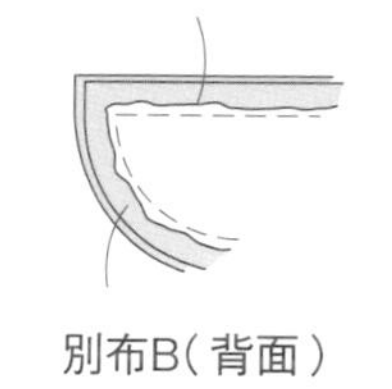

別布B（背面）

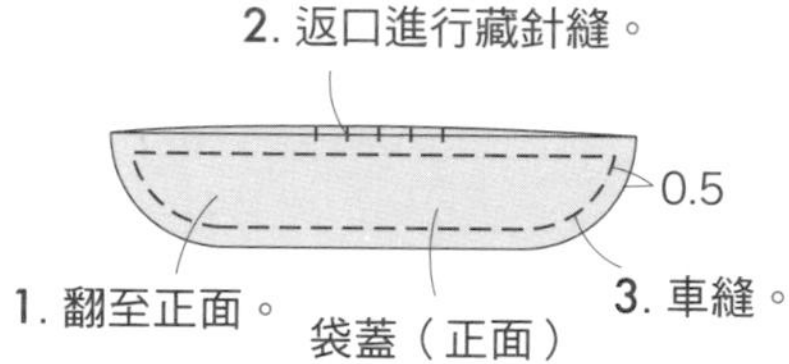

2. 返口進行藏針縫。
0.5
1. 翻至正面。
袋蓋（正面）
3. 車縫。

2. 製作口袋。

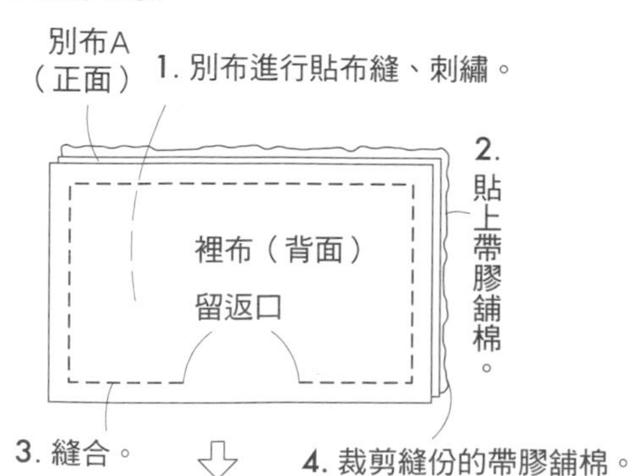

別布A（正面）
1. 別布進行貼布縫、刺繡。
2. 貼上帶膠鋪棉。
裡布（背面）
留返口
3. 縫合。
4. 裁剪縫份的帶膠鋪棉。

口袋（正面）
2. 壓線。
1. 翻至正面，返口進行藏針縫。

3. 袋布進行壓線。

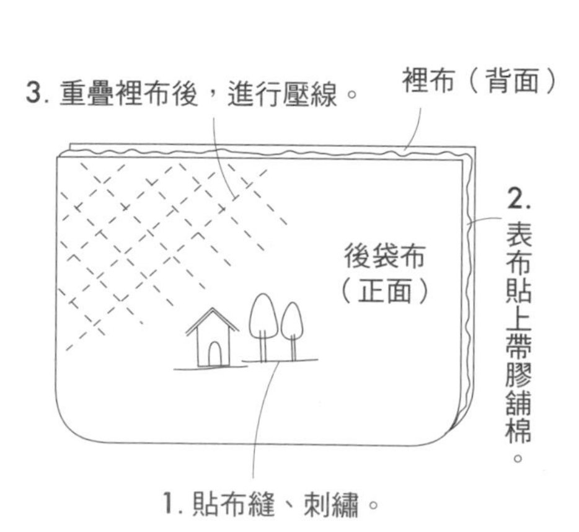

3. 重疊裡布後，進行壓線。
裡布（背面）
後袋布（正面）
2. 表布貼上帶膠鋪棉。
1. 貼布縫、刺繡。

※前袋布無貼布縫，依相同方式製作

4. 袋口進行滾邊。

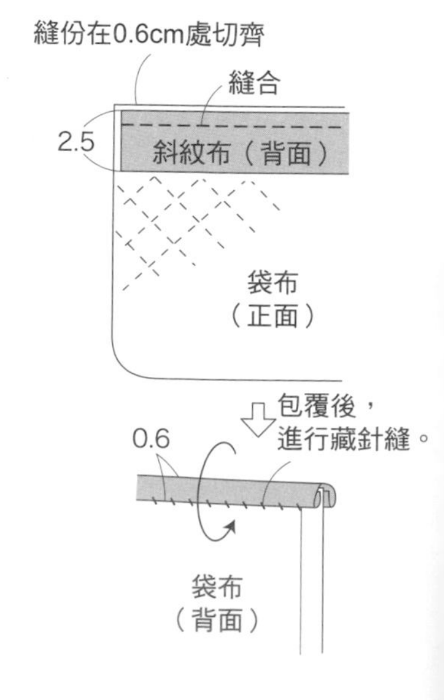

縫份在0.6cm處切齊
縫合
2.5
斜紋布（背面）
袋布（正面）
包覆後，進行藏針縫。
0.6
袋布（背面）

5. 袋布裝上拉鍊。

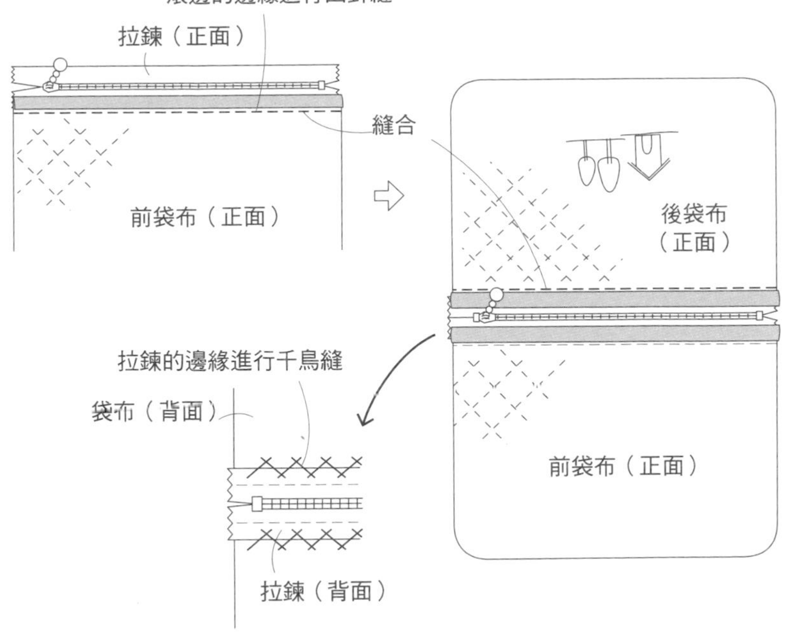
滾邊的邊緣進行回針縫
拉鍊（正面）
縫合
前袋布（正面）
後袋布
（正面）
拉鍊的邊緣進行千鳥縫
袋布（背面）
前袋布（正面）
拉鍊（背面）

6. 前袋布加上口袋及袋蓋。

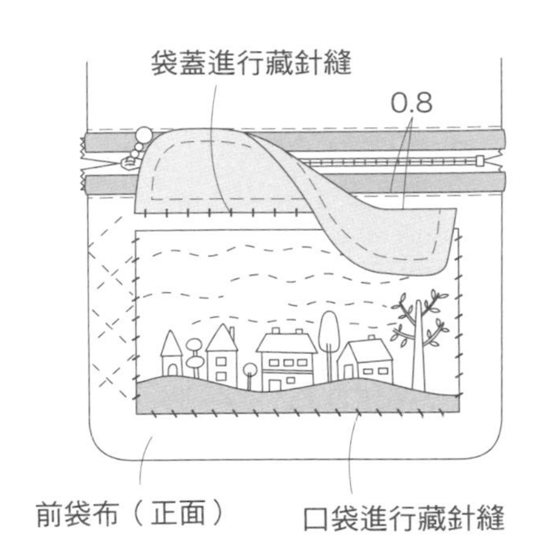
袋蓋進行藏針縫
0.8
前袋布（正面）
口袋進行藏針縫

7. 縫合袋布周圍。

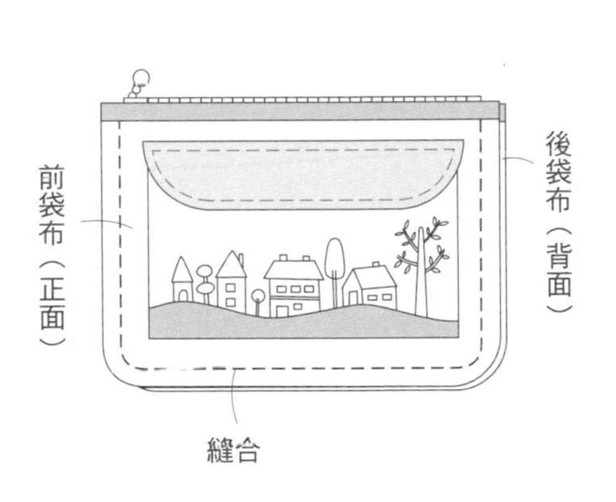
前袋布（正面）
後袋布（背面）
縫合

8. 周圍進行滾邊。

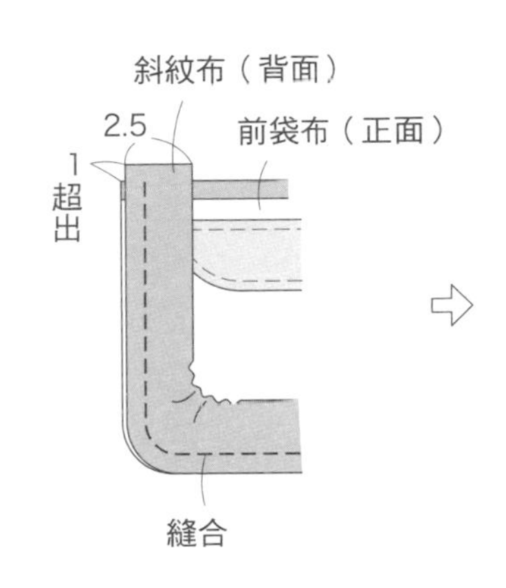
斜紋布（背面）
2.5
1
超出
前袋布（正面）
縫合

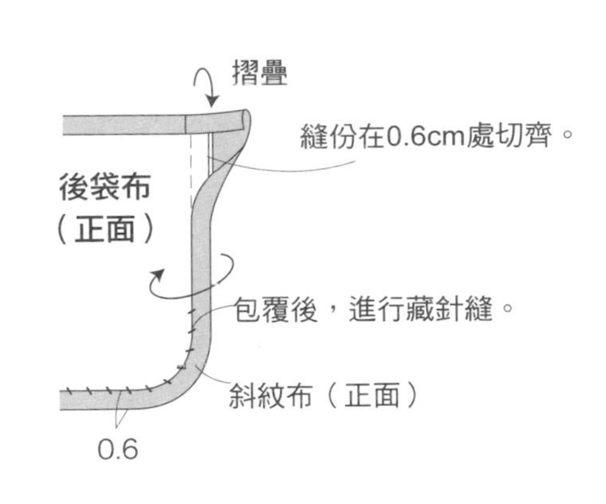
摺疊
縫份在0.6cm處切齊。
後袋布
（正面）
包覆後，進行藏針縫。
斜紋布（正面）
0.6

9. 製作包釦。

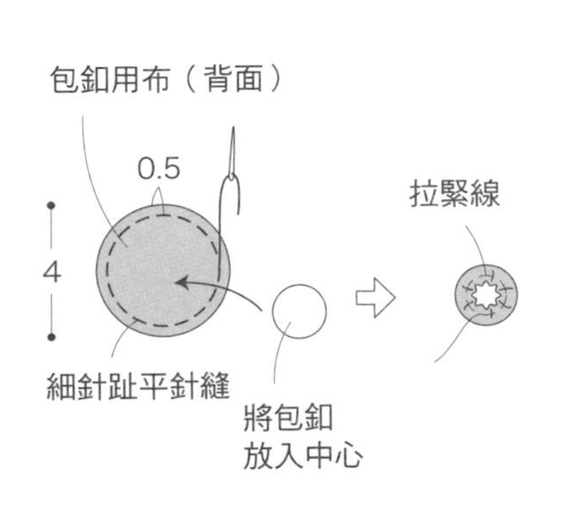
包釦用布（背面）
0.5
4
細針趾平針縫
將包釦
放入中心
拉緊線

10. 裝上四合釦及包釦。

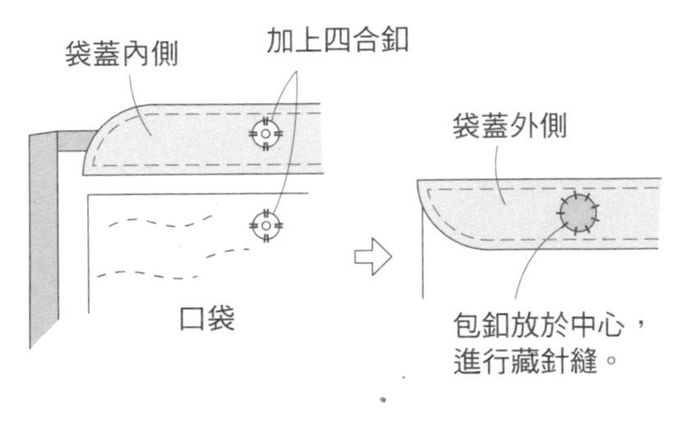
袋蓋內側
加上四合釦
口袋
袋蓋外側
包釦放於中心，
進行藏針縫。

完成

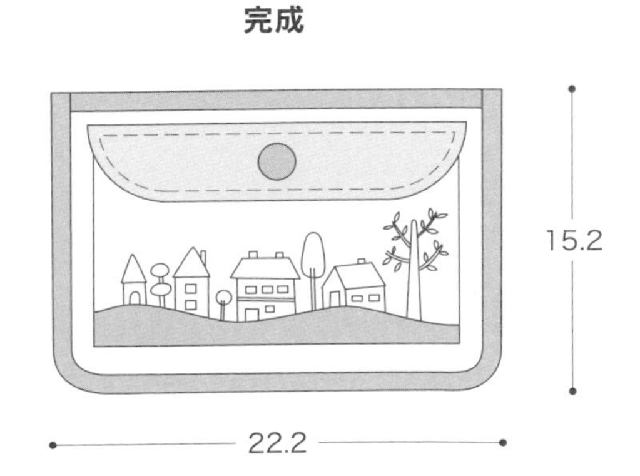
15.2
22.2

材料

- 表布（淡棕色格紋）40cm 寬15cm
- 別布A（棕色、藍色格紋）35 cm 寬10cm
- 別布B（藍色格紋）10 cm 寬25cm
- 貼布縫用布 適量
- 帶膠鋪棉 45cm 寬35cm
- 裡布（米色印花布）45cm 寬35cm
- 拉鍊（20cm）1條
- 25號繡線（深棕色）

原寸紙型B面・黑色

袋布1片（表布・帶膠鋪棉・裡布）

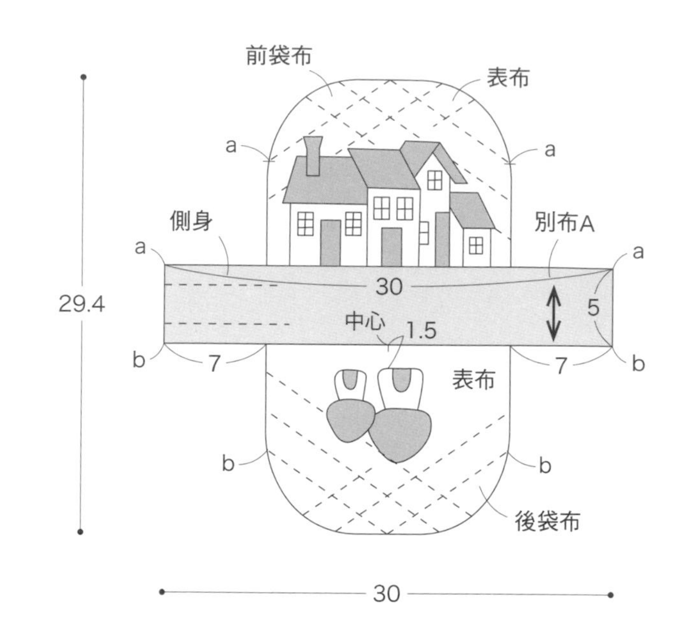
前袋布
表布
a
a
側身
別布A
a
a
30
5
中心
1.5
b
7
7
b
表布
29.4
b
b
後袋布
30

1. 製作貼布縫、刺繡。

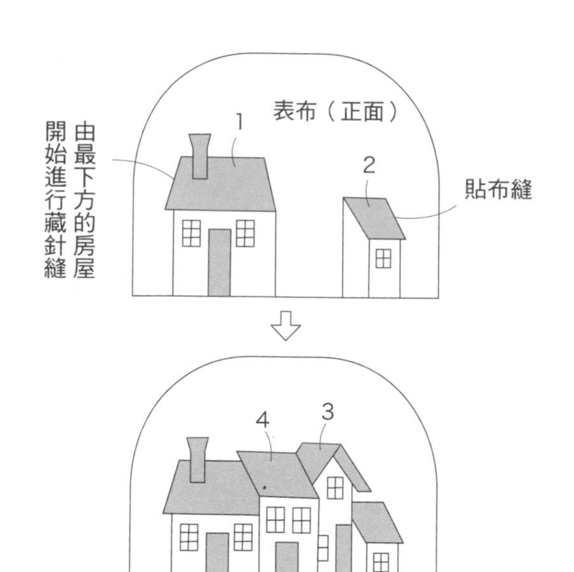
表布（正面）
1
由最下方的房屋開始進行藏針縫
2
貼布縫
4
3

※後袋布也進行貼布縫

拉鍊側身2片
（別布B・帶膠鋪棉・裡布）

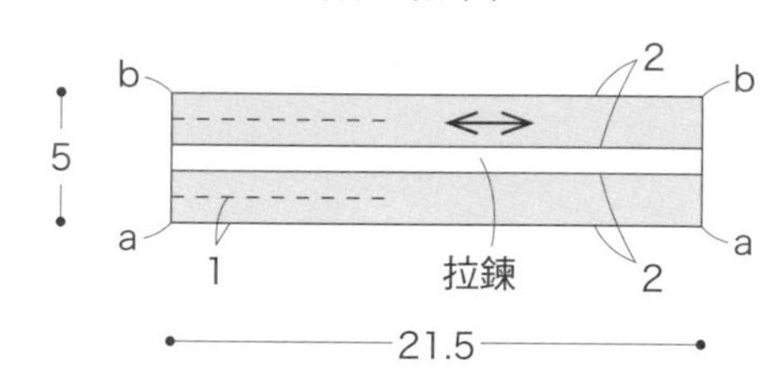
b
2
b
5
a
1
拉鍊
2
a
21.5

2. 製作表布，貼上鋪棉。

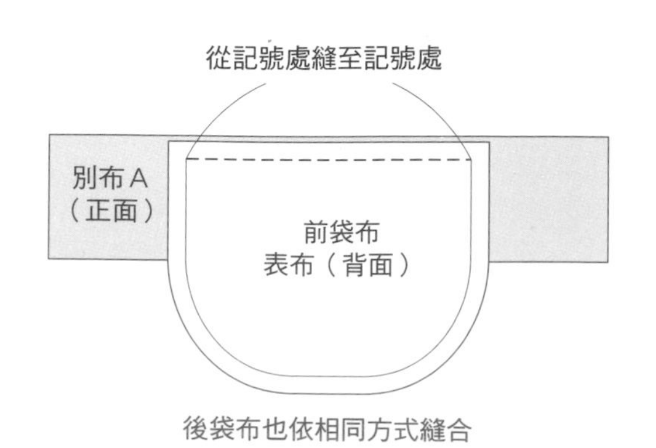
從記號處縫至記號處
別布A
（正面）
前袋布
表布（背面）

後袋布也依相同方式縫合

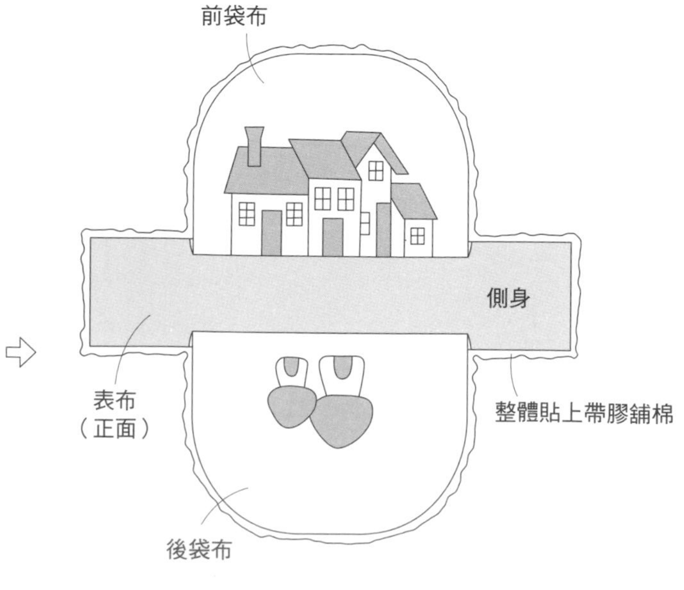
前袋布
側身
表布
（正面）
整體貼上帶膠鋪棉
後袋布

3. 重疊裡布，進行壓線。

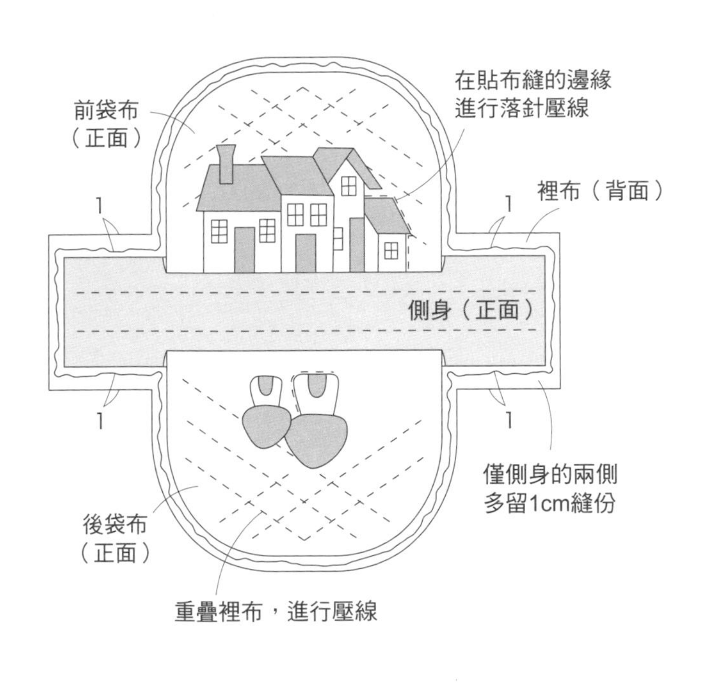
前袋布
（正面）
在貼布縫的邊緣
進行落針壓線
1
1
裡布（背面）
側身（正面）
1
1
僅側身的兩側
多留1cm縫份
後袋布
（正面）
重疊裡布，進行壓線

4. 縫合拉鍊側身，裝上拉鍊。

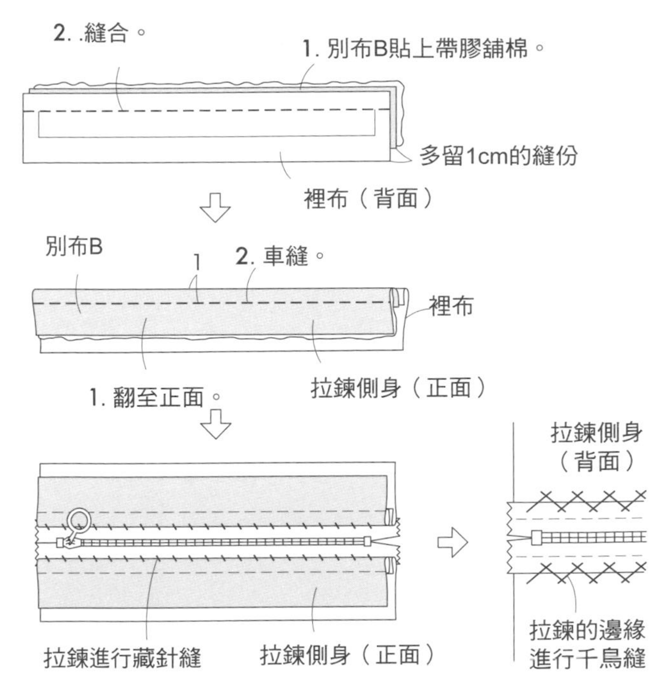
2. .縫合。
1. 別布B貼上帶膠舖棉。
多留1cm的縫份
裡布（背面）
別布B
1
2. 車縫。
裡布
1. 翻至正面。
拉鍊側身（正面）
拉鍊側身
（背面）
拉鍊進行藏針縫
拉鍊側身（正面）
拉鍊的邊緣
進行千鳥縫

5. 縫合袋布與拉鍊側身的兩端。

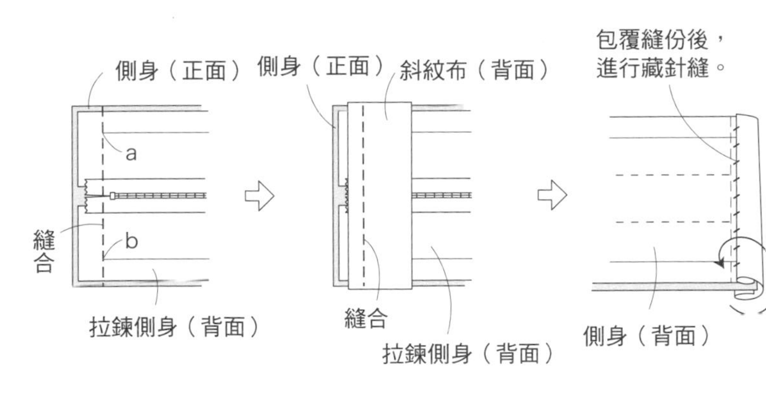
側身（正面）
側身（正面）
斜紋布（背面）
包覆縫份後，
進行藏針縫。
a
縫合
b
拉鍊側身（背面）
縫合
拉鍊側身（背面）
側身（背面）

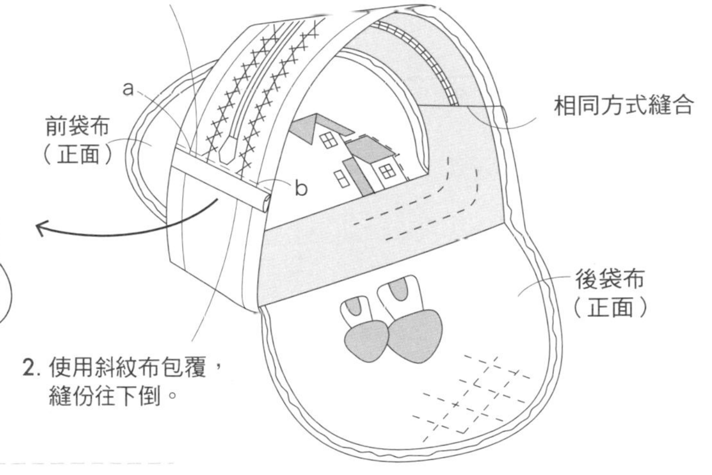
1. 縫合側身與拉鍊側身。
a
前袋布
（正面）
b
相同方式縫合
後袋布
（正面）
2. 使用斜紋布包覆，
縫份往下倒。

6. 縫合袋布的周圍。

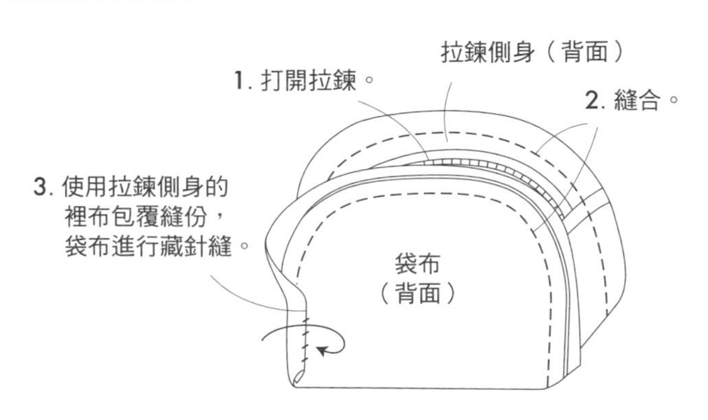
拉鍊側身（背面）
1. 打開拉鍊。
2. 縫合。
3. 使用拉鍊側身的
裡布包覆縫份，
袋布進行藏針縫。
袋布
（背面）

完成

12.2
5
16

 多彩樹葉扁平包

材料

- 表布（米色亞麻布）60cm 寬25cm
- 別布（棕色亞麻布）60cm 寬10cm
- 貼布縫用布適量
- 裡布（棕色格紋） 60cm 寬30cm
- 皮革提把（1.5cm寬、35cm）1組
- 25號繡線（淡棕色）
- 8號繡線（淡棕色、胭脂紅）

原寸紙型A面・黑色

前袋布1片（表布・裡布）

提把縫合位置

28

表布

別布

27

後袋布1片（表布・裡布）

提把縫合位置

表布

別布

貼布縫

1. 縫合拼接片，製作貼布縫、刺繡、表布。

2. 對齊前袋布與後袋布，縫合周圍。

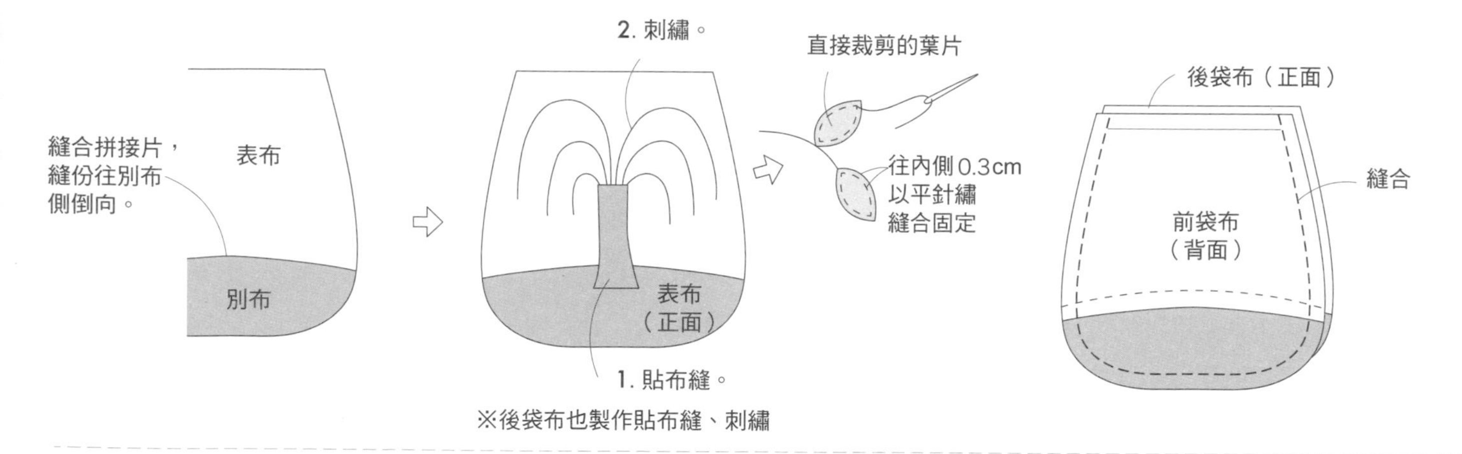
縫合拼接片，
縫份往別布
側倒向。
表布
別布
2. 刺繡。
表布
（正面）
1. 貼布縫。
直接裁剪的葉片
往內側0.3cm
以平針繡
縫合固定
後袋布（正面）
縫合
前袋布
（背面）

※後袋布也製作貼布縫、刺繡

3. 縫合裡布。

裡布（正面）

縫合

裡布
（背面）

留返口

4. 對齊袋布與裡布，縫合袋口。

裡布（背面）

3. 縫合。

1. 袋口翻
至正面。

袋布（背面）

2. 在袋布上覆蓋裡布。

5. 翻至正面。

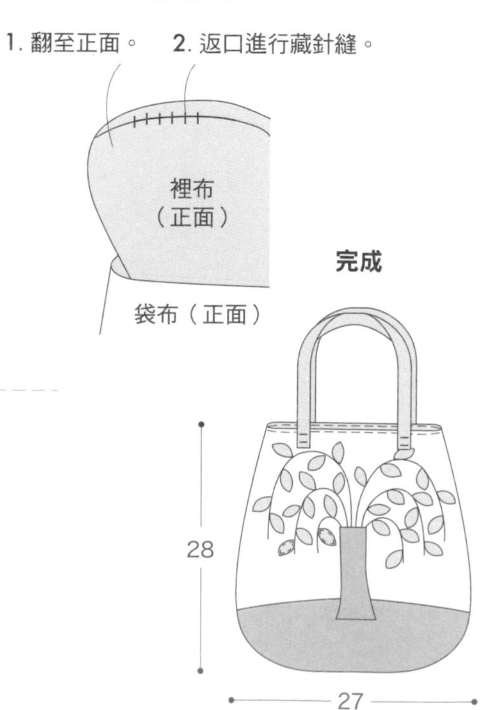
1. 翻至正面。
2. 返口進行藏針縫。
裡布
（正面）
袋布（正面）
完成
28
27

6. 縫合袋口，加上提把。

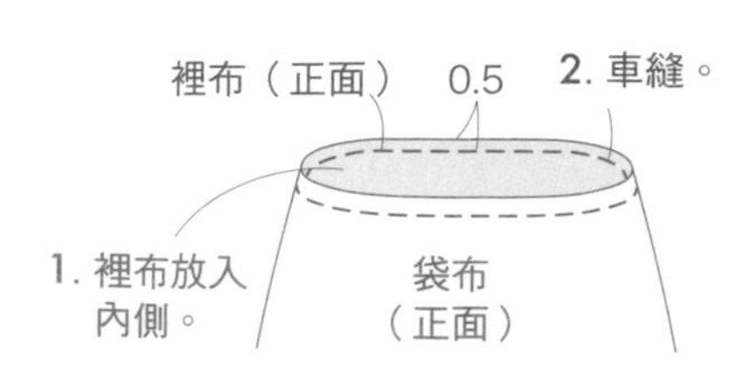
裡布（正面）
0.5
1. 裡布放入
內側。
袋布
（正面）

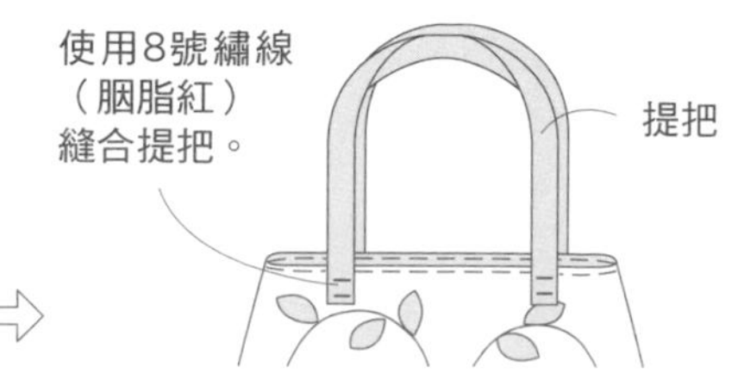
2. 車縫。
使用8號繡線
（胭脂紅）
縫合提把。
提把

 NO.28 鄉村生活風景掛毯

材料
- 背景布A（淡棕色格紋）45cm 寬30cm
- 背景布B（淡棕色編織布）25cm 寬20cm
- 背景布C（淡棕色格紋）30cm 寬10cm
- 貼布縫用布、裝飾用布 a 至 i 適量
- 帶膠鋪棉 100cm 寬90cm
- 裡布（米色印花布）100cm 寬90cm
- 邊框布（藍色格紋）100cm 寬40cm
- 25號繡線（米色、黑色、深棕色）
- 8號繡線（棕色、淡棕色）

原寸紙型B面・紅色

※邊框使用寬6cm的斜紋布

壁飾A・壁飾B・壁飾C各1片（表布・帶膠鋪棉・裡布）

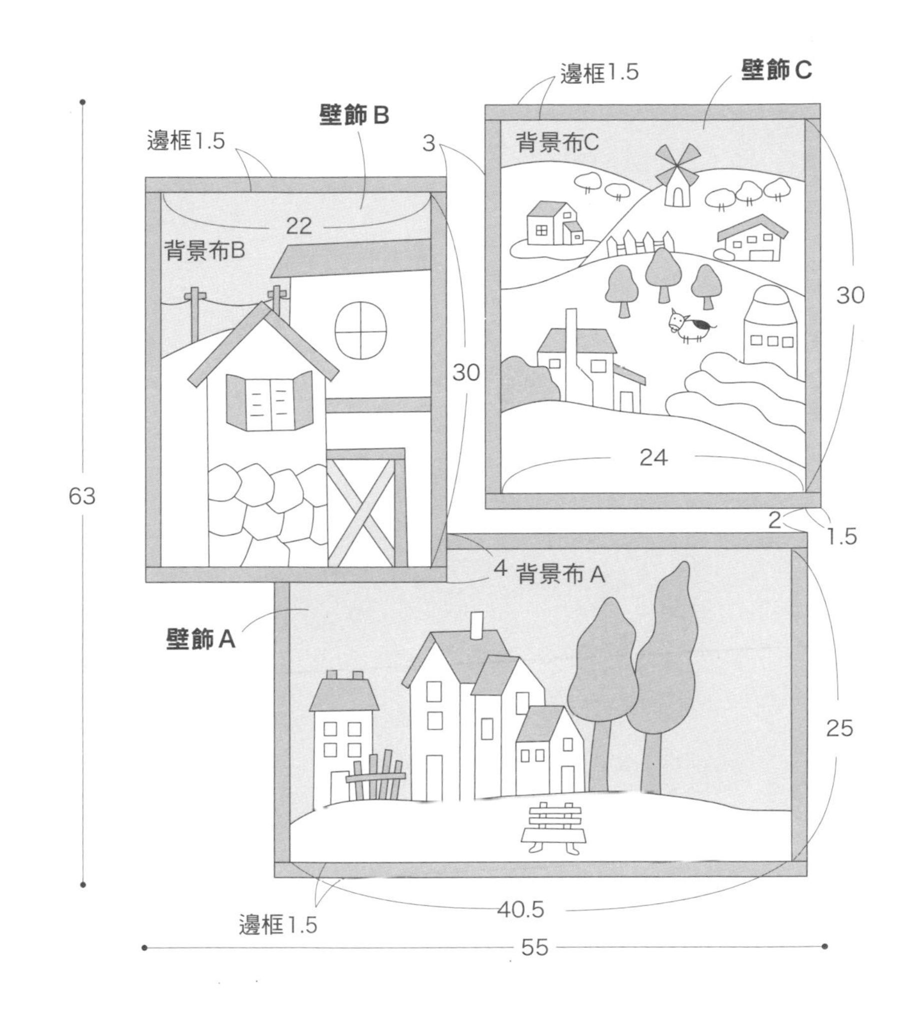

壁飾C
邊框1.5
壁飾B
邊框1.5
3
背景布C
22
背景布B
30
30
24
63
2
1.5
4 背景布A
壁飾A
25
40.5
邊框1.5
55

布片a至i各1片（貼布縫用布・帶膠鋪棉・裡布）

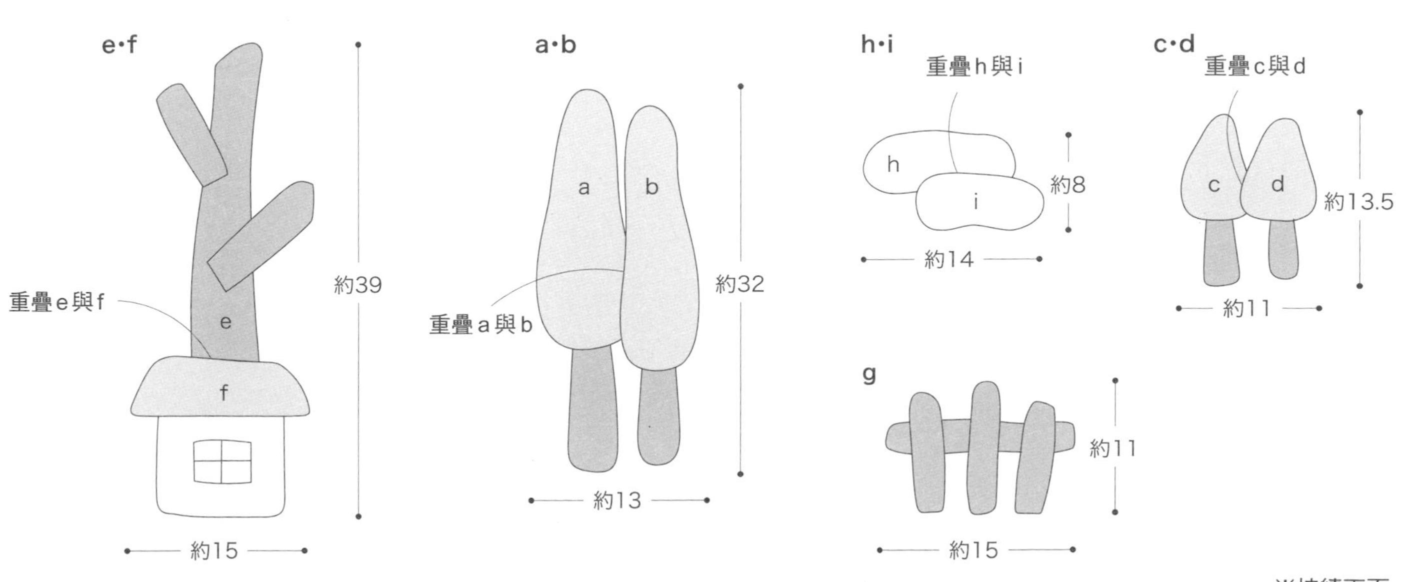

e•f
a•b
h•i
重疊h與i
c•d
重疊c與d
h
i
約8
約14
c
d
約13.5
約11
a
b
約39
約32
重疊e與f
e
重疊a與b
f
g
約11
約13
約15
約15

※接續下頁

1. 製作壁飾的貼布縫、刺繡、壓線。

2. 製作左右的邊框。

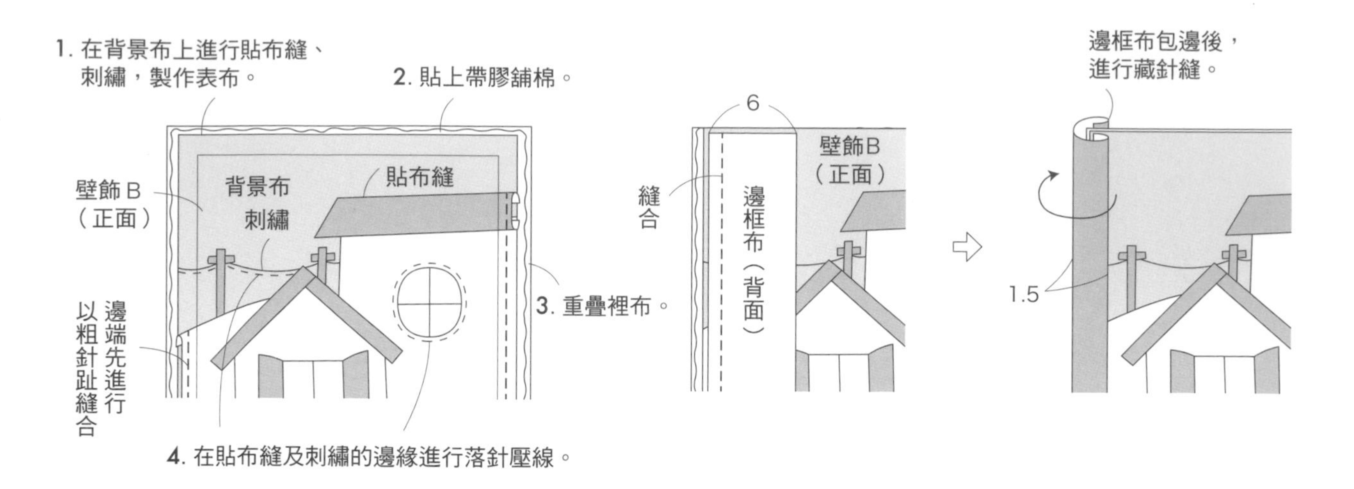
1. 在背景布上進行貼布縫、刺繡，製作表布。
2. 貼上帶膠鋪棉。
壁飾B（正面）
背景布
刺繡
貼布縫
3. 重疊裡布。
邊端先進行以粗針趾縫合
4. 在貼布縫及刺繡的邊緣進行落針壓線。
6
縫合
邊框布（背面）
壁飾B（正面）
邊框布包邊後，進行藏針縫。
1.5

3. 製作上下的邊框。

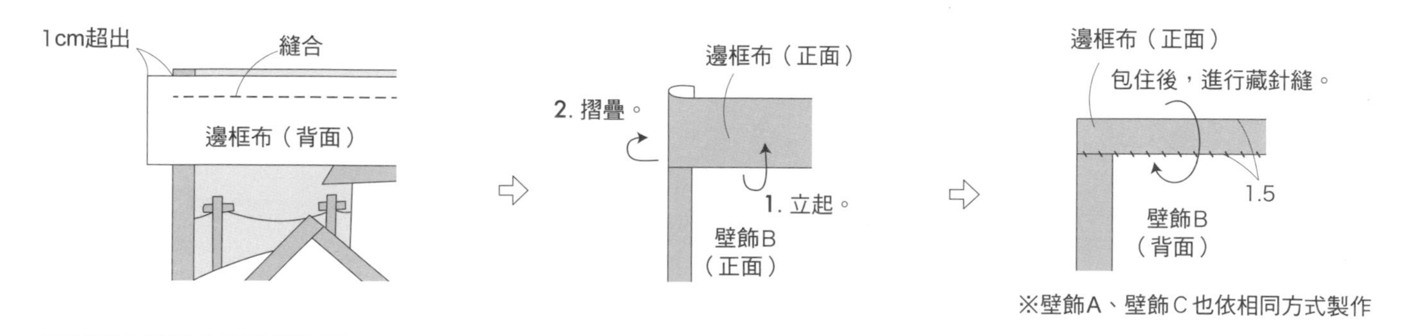
1cm超出
縫合
邊框布（背面）
2. 摺疊。
邊框布（正面）
1. 立起。
壁飾B（正面）
邊框布（正面）
包住後，進行藏針縫。
1.5
壁飾B（背面）

※壁飾A、壁飾C也依相同方式製作

4. 製作f的屋頂部分。

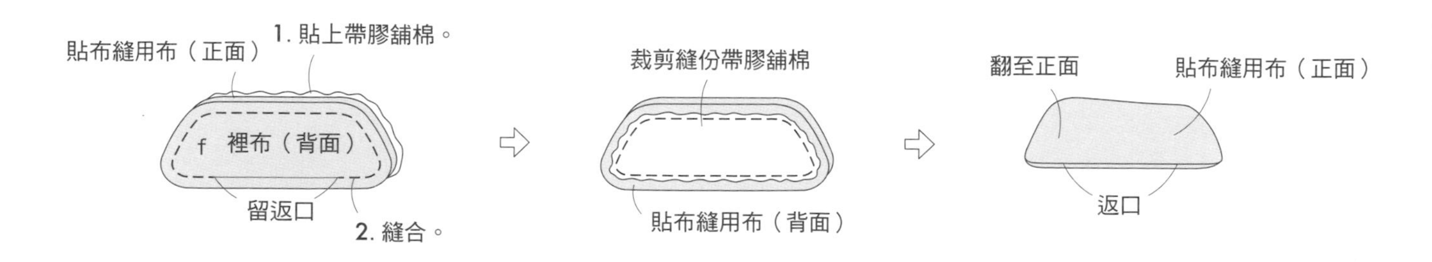
貼布縫用布（正面）
1. 貼上帶膠鋪棉。
f 裡布（背面）
留返口
2. 縫合。
裁剪縫份帶膠鋪棉
貼布縫用布（背面）
翻至正面
貼布縫用布（正面）
返口

5. 製作f的房屋部分，與屋頂對齊後，進行藏針縫。

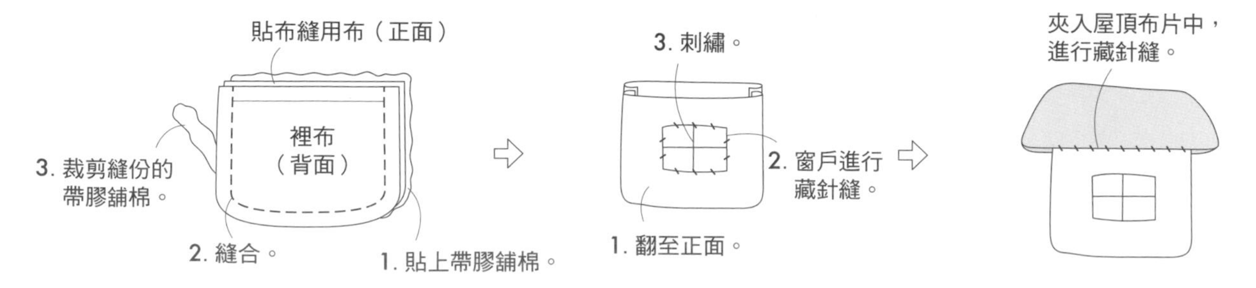
貼布縫用布（正面）
裡布（背面）
3. 裁剪縫份的帶膠鋪棉。
2. 縫合。
1. 貼上帶膠鋪棉。
3. 刺繡。
2. 窗戶進行藏針縫。
1. 翻至正面。
夾入屋頂布片中，進行藏針縫。

6. 製作e的樹木及樹枝。

7. 對齊e與f，進行藏針縫。

8. 製作a的樹木與樹幹，對齊後進行藏針縫。b也以相同方式製作，對齊a後進行藏針縫。

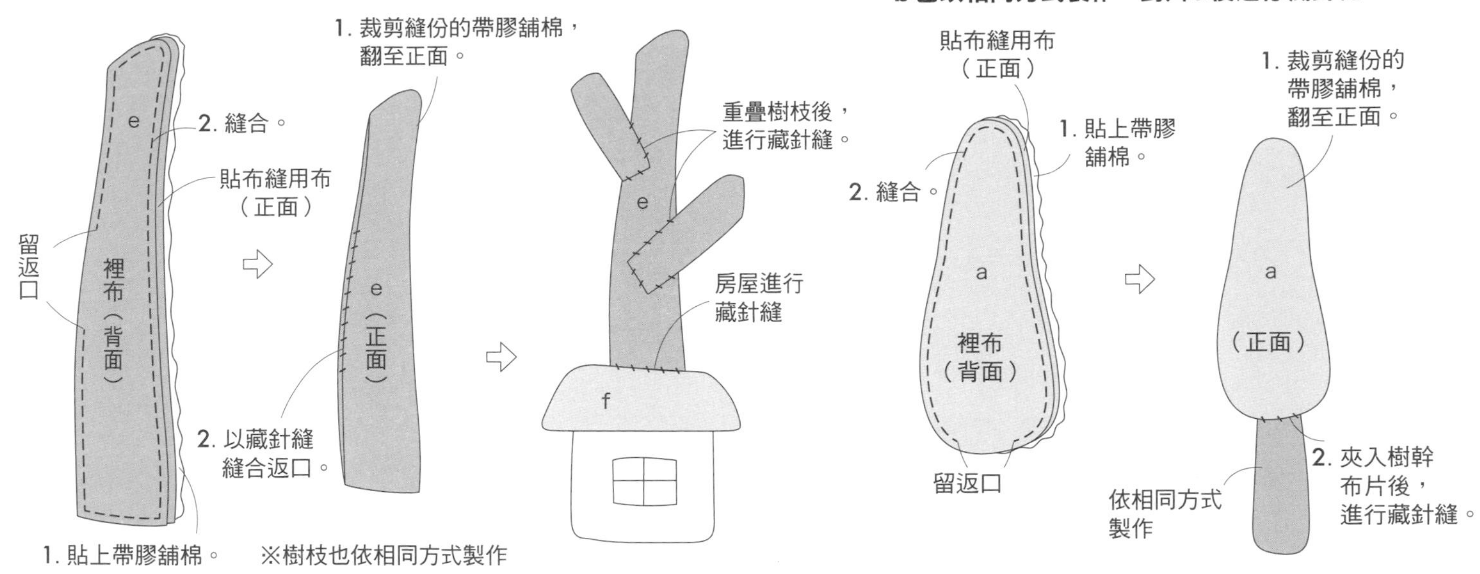

e
2. 縫合。
貼布縫用布
（正面）
留返口
裡布（背面）
2. 以藏針縫
縫合返口。
1. 貼上帶膠舖棉。
1. 裁剪縫份的帶膠舖棉，
翻至正面。
e
（正面）
※樹枝也依相同方式製作
重疊樹枝後，
進行藏針縫。
e
房屋進行
藏針縫
f
貼布縫用布
（正面）
1. 貼上帶膠
舖棉。
2. 縫合。
a
裡布
（背面）
留返口
1. 裁剪縫份的
帶膠舖棉，
翻至正面。
a
（正面）
2. 夾入樹幹
布片後，
進行藏針縫。
依相同方式
製作

9. 製作g的柵欄。

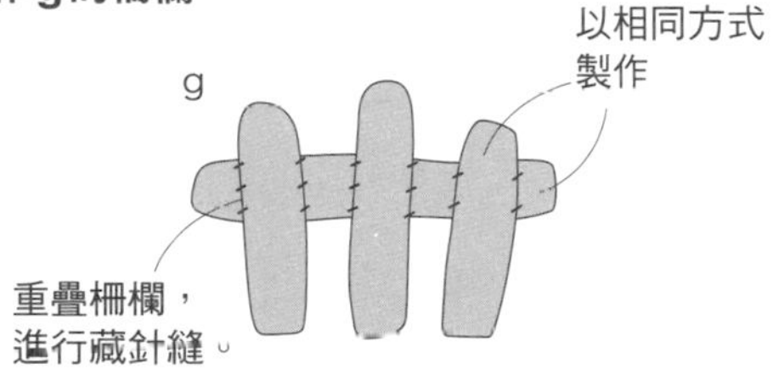

g
以相同方式
製作
重疊柵欄，
進行藏針縫。

10. 製作h、i的雲，進行藏針縫。

重疊在想放的位置上，
進行藏針縫。

以相同方式製作

h

i

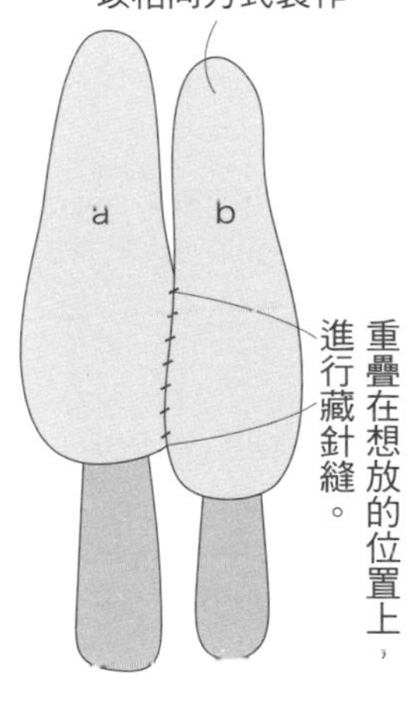

以相同方式製作
a
b
重疊在想放的位置上，
進行藏針縫。

11. 整體平衡搭配，重疊壁飾與裝飾，進行藏針縫。

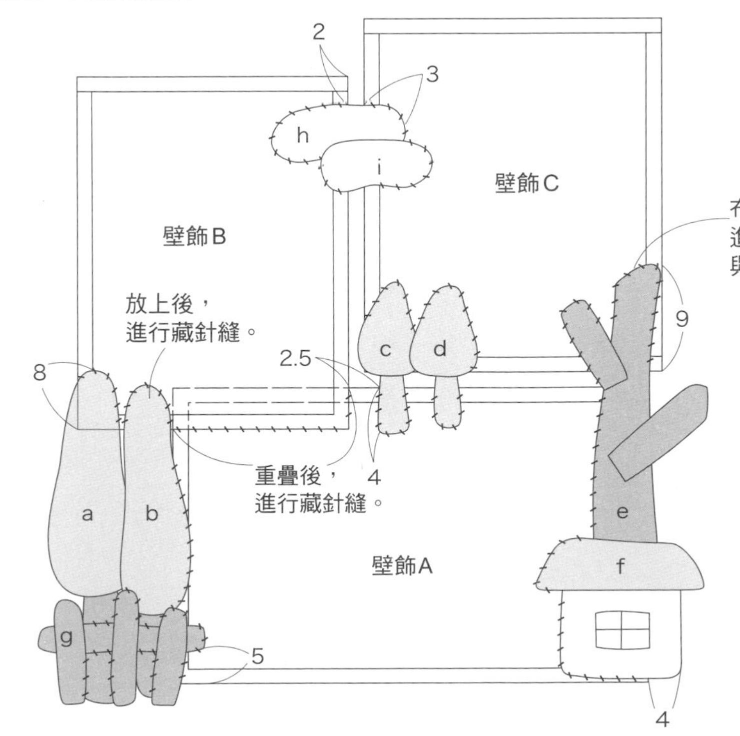

完成
2
3
h
i
壁飾C
壁飾B
布片h・i、c・d、e在壁飾C上
進行藏針縫，
與壁飾A、壁飾B接合。
放上後，
進行藏針縫。
2.5
c
d
9
8
重疊後，
進行藏針縫。
4
a
b
e
壁飾A
f
g
5
4

※數字為大概的基準，看整體平衡調整位置，進行藏針縫。

P.20 NO.21 John的波奇包

材料
- 表布（淡棕色編織布）15cm 寬 15cm
- 別布A（淡棕色格紋）15 cm 寬 10cm
- 別布B（棕色、藍色格紋）15 cm 寬 15cm
- 別布C（棕色格紋）15 cm 寬 20cm
- 貼布縫用布 適量
- 帶膠鋪棉 40 cm 寬 15cm
- 裡布（米色印花布）30 cm 寬 15cm
- 拉鍊（12cm）1條
- 鈕釦（直徑6mm）2個
- 8號繡線（深灰色）

原寸紙型B面・紅色

P.20 NO.22 Pochi的波奇包

材料
- 表布（淡棕色編織布）15cm 寬 15cm
- 別布A（棕色格紋）10cm 寬 10cm
- 別布B（淡棕色格紋）15cm 寬 15cm
- 別布C（棕色格紋）15cm 寬 20cm
- 貼布縫用布適量
- 帶膠鋪棉 40cm 寬 15cm
- 裡布（米色印花布）30cm 寬 15cm
- 拉鍊（12cm）1條
- 鈕釦（直徑 6mm）2個
- 8號繡線（棕色）

原寸紙型B面・紅色

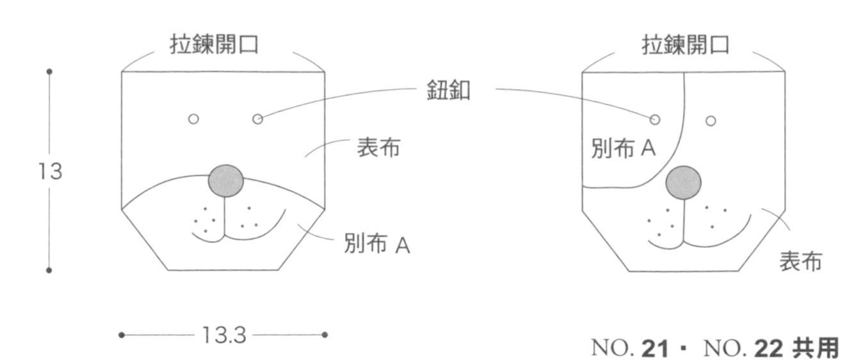
NO. 21 前袋布1片
（表布・帶膠鋪棉・裡布）
NO. 22 前袋布1片
（表布・帶膠鋪棉・裡布）
拉鍊開口
拉鍊開口
鈕釦
表布
13
別布 A
別布 A
表布
13.3

耳朵2片
（別布C 左右對稱各2片
帶膠鋪棉 左右對稱各1片）

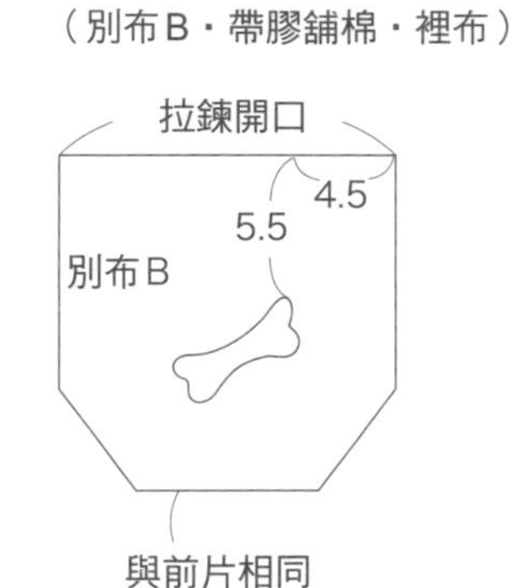
NO. 21・NO. 22 共用
NO. 21 後袋布1片
（別布B・帶膠鋪棉・裡布）
拉鍊開口
4.5
5.5
別布B
與前片相同

1. 製作左右對稱的耳朵。

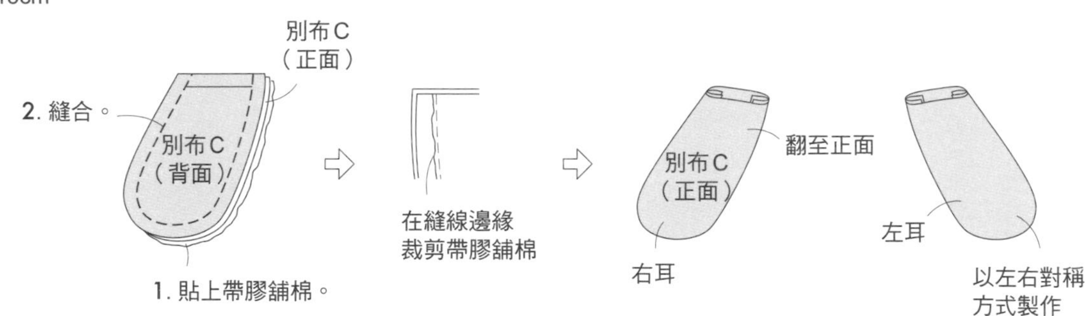
別布C
（正面）
2. 縫合。
別布C
（背面）
1. 貼上帶膠鋪棉。
在縫線邊緣
裁剪帶膠鋪棉
別布C
（正面）
翻至正面
右耳
左耳
以左右對稱
方式製作

2. 臉部製作貼布縫、刺繡，暫時固定耳朵。

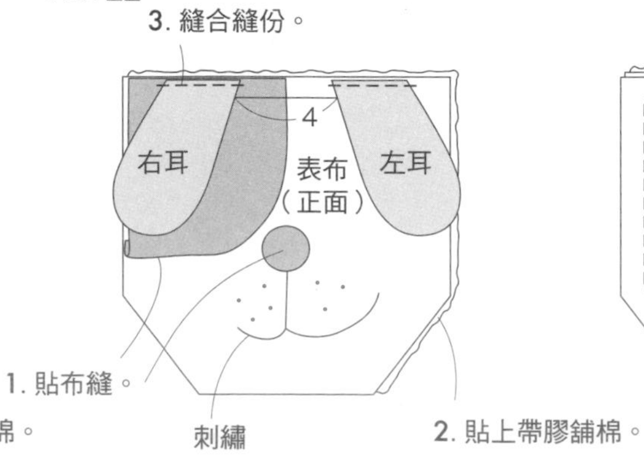
NO. 21
3. 縫於縫份上。
4
右耳
表布
（正面）
左耳
1. 貼布縫。
刺繡
2. 貼上帶膠鋪棉。
NO. 22
3. 縫合縫份。
4
右耳
表布
（正面）
左耳
1. 貼布縫。
刺繡
2. 貼上帶膠鋪棉。

3. 對齊裡布，縫合周圍。

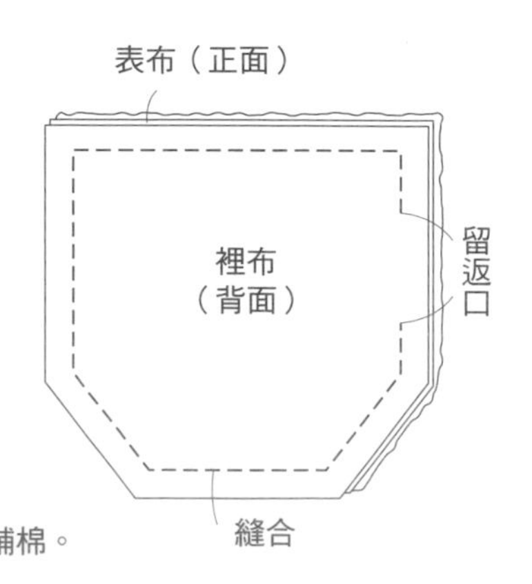
表布（正面）
裡布
（背面）
留
返
口
縫合

4. 翻至正面，進行壓線。

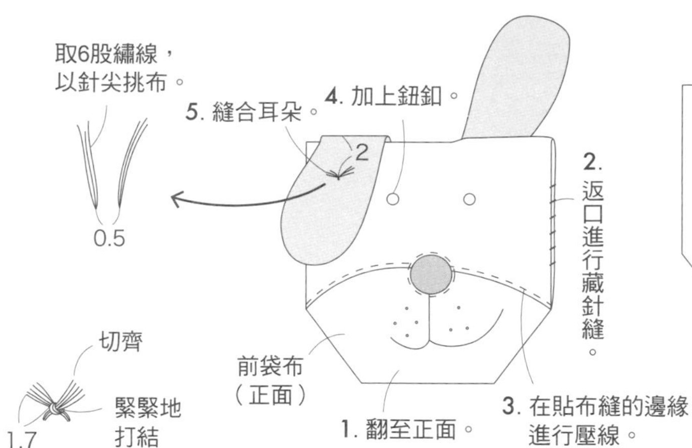
取6股繡線，
以針尖挑布。
5. 縫合耳朵。
4. 加上鈕釦。
2
0.5
2.
返口進行藏針縫。
切齊
緊緊地
打結
1.7
前袋布
（正面）
1. 翻至正面。
3. 在貼布縫的邊緣
進行壓線。

5. 製作後袋布。

在貼布縫的邊緣
進行壓線
後袋布
（正面）
貼布縫
與前袋布相同
方式製作

6. 對齊前袋布與後袋布，縫合周圍。

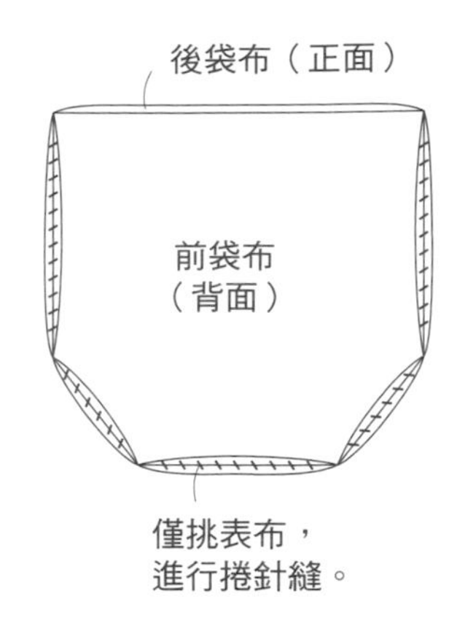
後袋布（正面）
前袋布
（背面）
僅挑表布，
進行捲針縫。

7. 加上拉鍊。

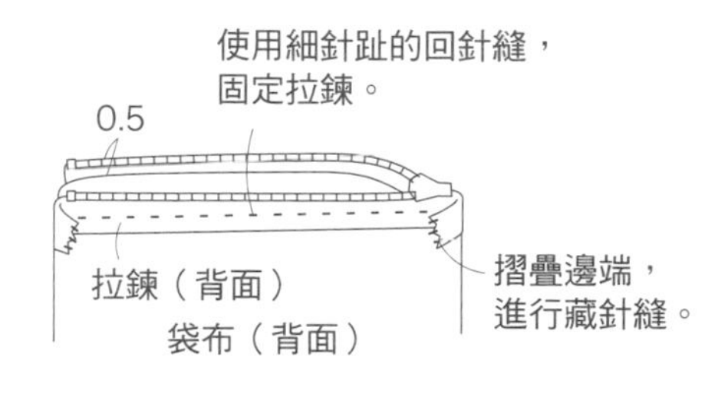
使用細針趾的回針縫，
固定拉鍊。
0.5
拉鍊（背面）
袋布（背面）
摺疊邊端，
進行藏針縫。

NO. **21**

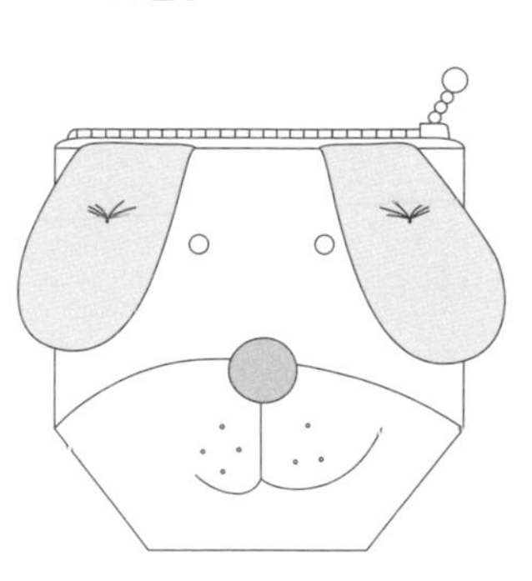

NO. **22**

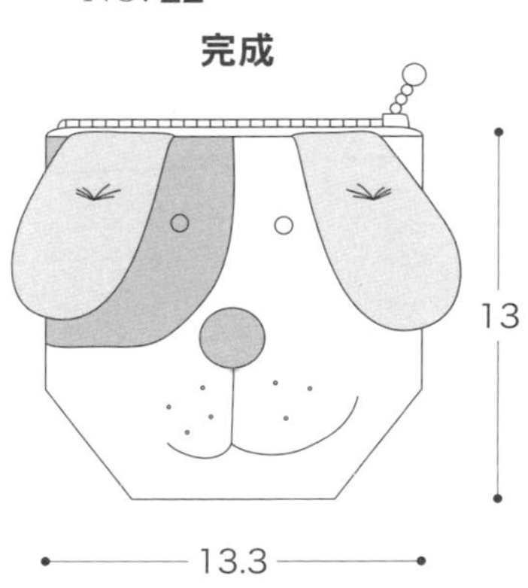
完成
13
13.3

P.27 NO.31・NO.32 杯墊

材料（共用）

- 表布（各種）合計 20cm 寬20cm
- 裡布（米色素色）15cm 寬15cm
- 貼布縫用布 適量
- 帶膠鋪棉 15cm 寬15cm
- 25號繡線（ NO.31紅色、 NO.32深藍）

原寸紙型A面・紅色

NO. **31** **本體1片**
（表布・帶膠鋪棉・裡布）

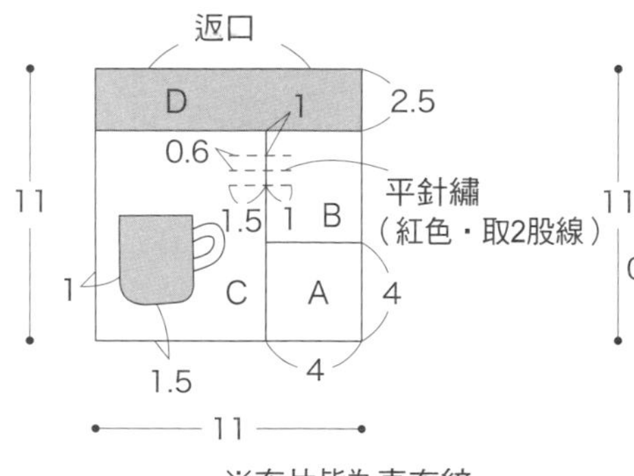
返口
D
1
2.5
0.6
平針繡
（紅色・取2股線）
11
1.5
1
B
1
C
A
4
1.5
4
11

NO. **32** **本體1片**
（表布・帶膠鋪棉・裡布）

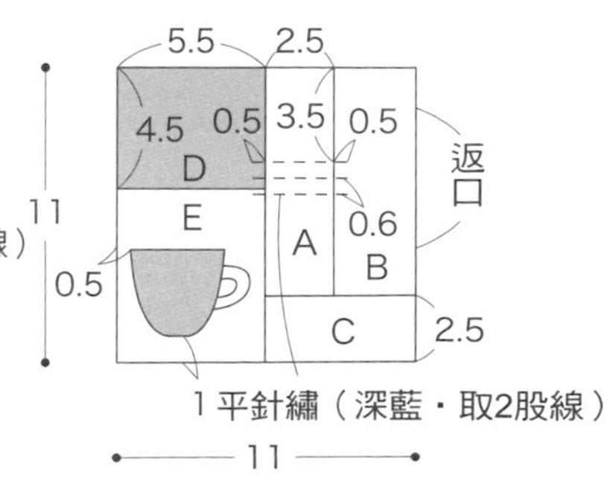
5.5
2.5
4.5
0.5
3.5
0.5
D
返口
E
0.6
11
A
B
0.5
C
2.5
1 平針繡（深藍・取2股線）
11

※布片皆為直布紋

1. **製作貼布縫，縫合串珠後，製作表布。**
2. **表布貼上帶膠鋪棉。**
3. **表布與裡布正面相對重疊後，縫合周圍。**
4. **從返口翻至正面。**
5. **返口進行藏針縫。針穿至裡布，進行平針縫。**

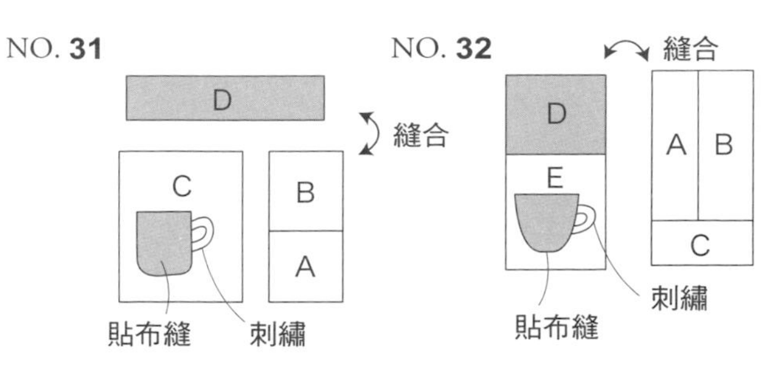
NO. 31
D
縫合
C
B
A
貼布縫
刺繡
NO. 32
縫合
D
E
A
B
C
貼布縫
刺繡

材料

- 表布（棕色素色・頭部、耳朵）50cm 寬40cm
- 串珠、貼布縫用布（前片身體用）合計 30cm 寬50cm
- 別布A（棕色素色・鼻子周圍）15cm 寬10 cm
- 別布B（棕色格紋・耳朵）30cm 寬15cm
- 別布C（裸粉素色・內耳）15cm 寬10cm
- 別布D（藍色格紋・後片身體）35cm 寬30cm
- 別布E（棕色格紋・手部）合計 30cm 寬15cm
- 厚毛氈布（深棕色）5cm 寬5cm
- 厚毛氈布（水藍色）3cm 寬3cm
- 鈕釦（直徑2.5cm）2個
- 25號繡線（淡橘色、深棕色、米色）
- 緞帶（寬1.2cm）70cm
- 手工藝棉花適量※　　※玩偶整體重量約250g

原寸紙型A面・紅色

耳朵2片（表布2片、別布B 2片）

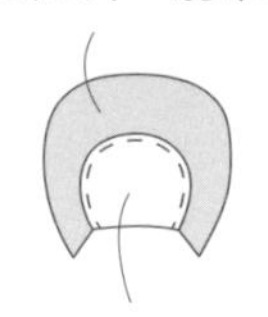

內耳（別布C 2片）

頭部2片（表布）

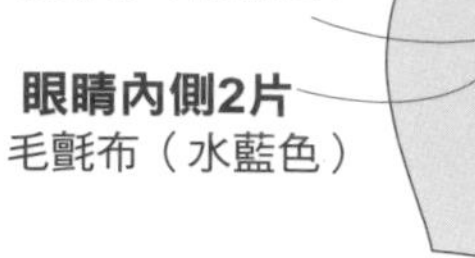

鼻子周圍1片（別布A）
眼睛2片
毛氈布（深棕色）
眼睛內側2片
毛氈布（水藍色）

手部2個（別布E 4片）

前片身體1片（貼布縫・各種布片）
後片身體1片（別布D）

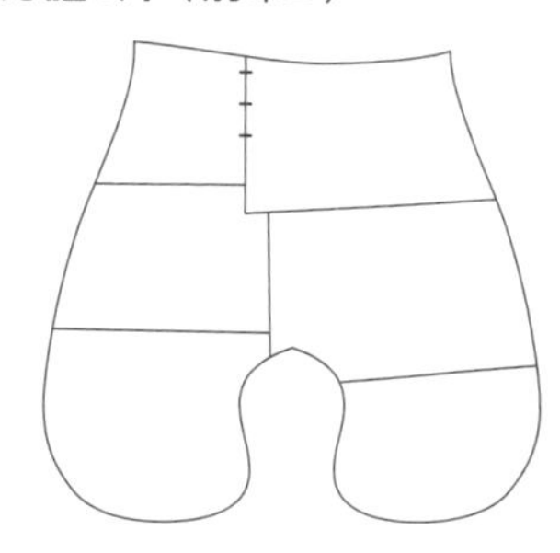

※後片身體為無拼接片的1片布
※眼睛、眼睛內側使用的毛氈布為直接裁剪的尺寸

1. 縫合前片身體的拼接片。

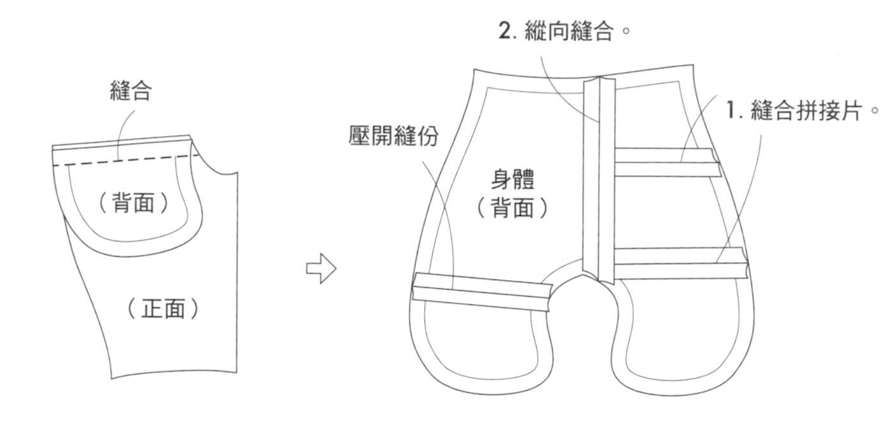

縫合
（背面）
（正面）
壓開縫份
2. 縱向縫合。
1. 縫合拼接片。
身體
（背面）

2. 製作刺繡、貼布縫。

1. 重疊貼布縫後，進行藏針縫。

身體
（正面）

2. .直線繡。
（淡橘色・取3股線）

3. 在前片的頭部加上鼻子周圍，製作眼睛、鼻子。

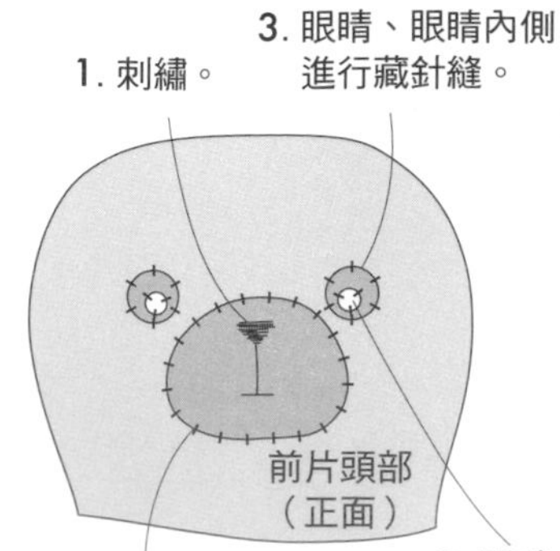

1. 刺繡。
3. 眼睛、眼睛內側
進行藏針縫。
前片頭部
（正面）
4. 放入薄薄一層棉花，
鼻子周圍進行藏針縫。
2. 眼睛中心進行
法國結粒繡。

4. 製作耳朵。

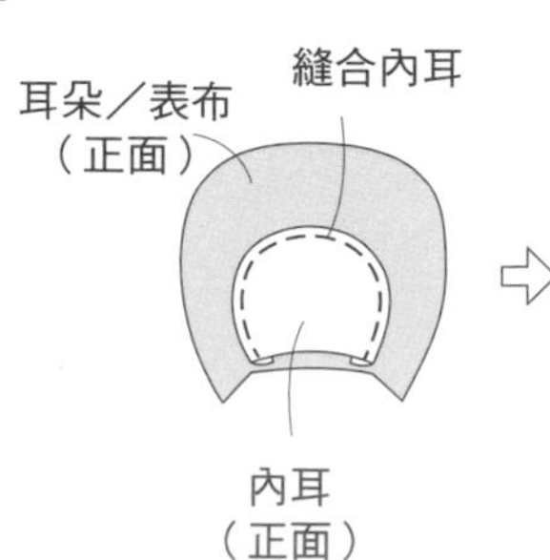

耳朵／表布
（正面）
縫合內耳
內耳
（正面）

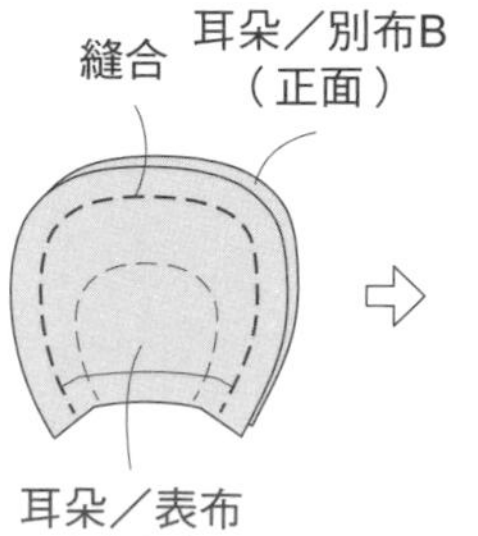

縫合
耳朵／別布B
（正面）
耳朵／表布
（背面）

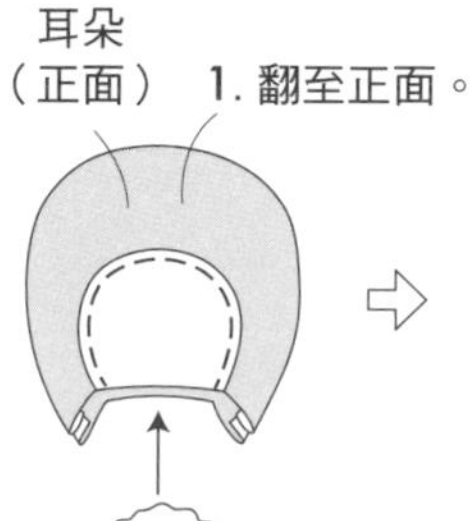

耳朵
（正面）
1. 翻至正面。

2. 塞入棉花。

摺疊

縫合

※製作2個

5. 在前片頭部暫時固定上耳朵。

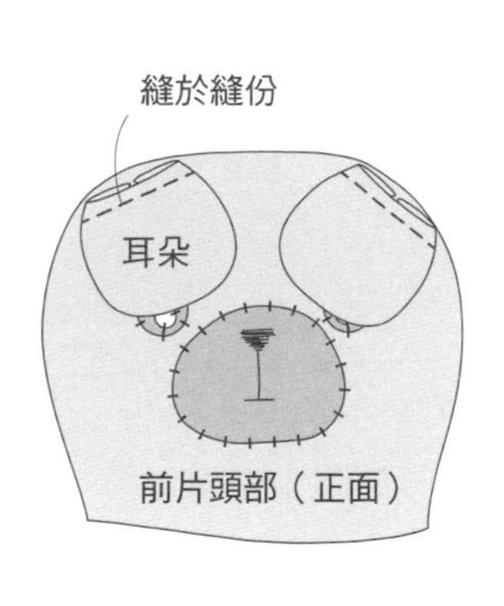
縫於縫份
耳朵
前片頭部（正面）

6. 縫合身體及頭部。

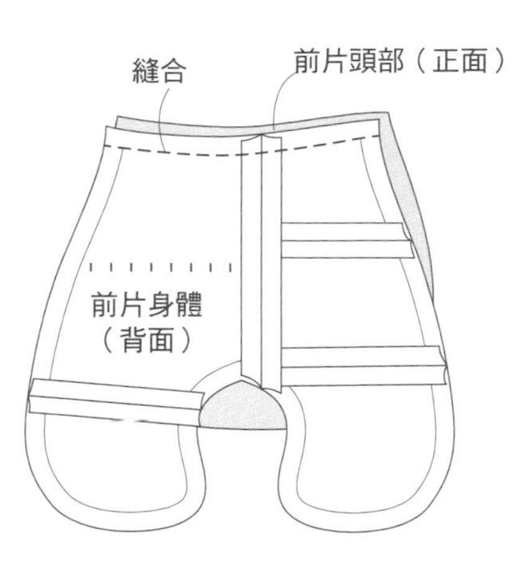
縫合
前片頭部（正面）
前片身體
（背面）

※後片身體留返口，以相同方式縫合。

7. 對齊前後片，縫合周圍。

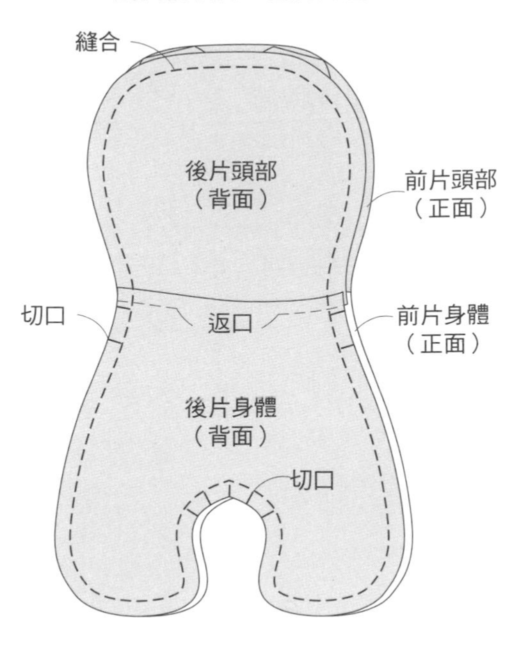
縫合
後片頭部
（背面）
前片頭部
（正面）
切口
返口
前片身體
（正面）
後片身體
（背面）
切口

8. 製作手部。

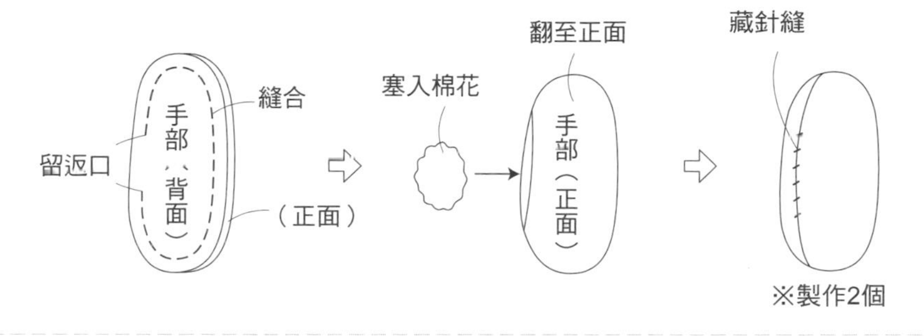
縫合
留返口
手部（背面）
（正面）
塞入棉花
翻至正面
手部（正面）
藏針縫

※製作2個

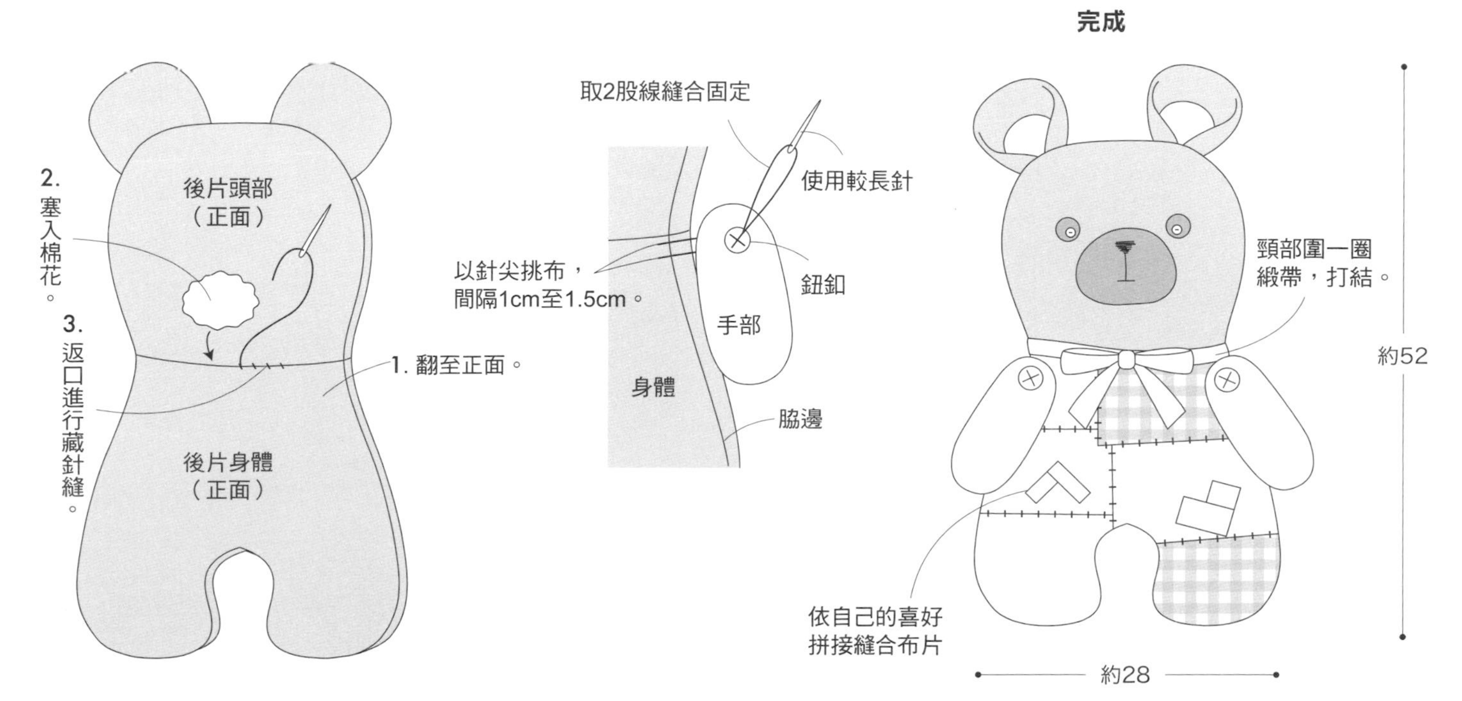

9. 翻至正面，塞入棉花。

後片頭部
（正面）
2. 塞入棉花。
3. 返口進行藏針縫。
1. 翻至正面。
後片身體
（正面）

10. 身體加上手部。

取2股線縫合固定
使用較長針
以針尖挑布，
間隔1cm至1.5cm。
鈕釦
手部
身體
脇邊

完成

頸部圍一圈
緞帶，打結。
約52
依自己的喜好
拼接縫合布片
約28

P.23 NO.26 刺蝟抱枕

材料
- 表布（米色素色）90cm 寬 40cm
- 別布（灰色編織布） 60cm 寬40cm
- 裡布（白色棉布）60cm 寬 80cm
- 帶膠鋪棉 25cm 寬15cm
- 貼布縫用布 適量
- 8號繡線（米色、棕色、淡棕、淡黃、苔綠、綠色）
- 手工藝棉花適量　　※抱枕整體重量約390g

原寸紙型A面．紅色

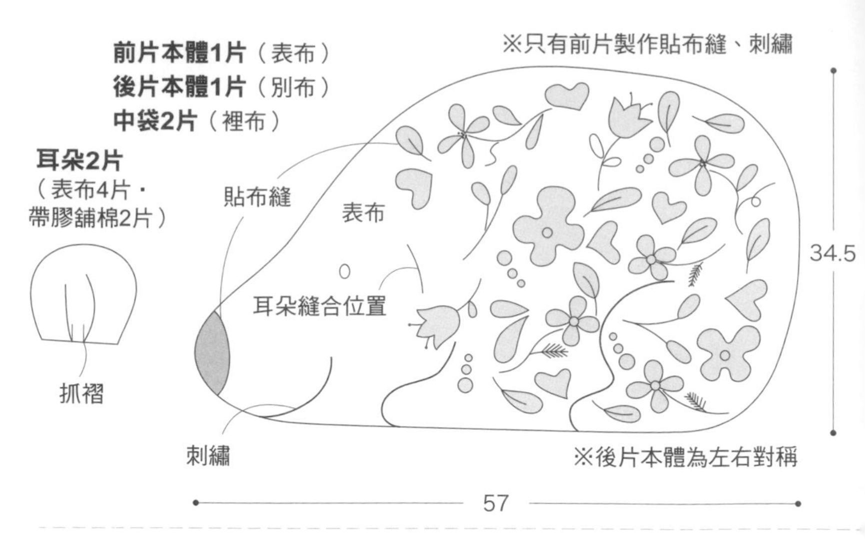

前片本體1片（表布）
後片本體1片（別布）
中袋2片（裡布）
耳朵2片
（表布4片·
帶膠鋪棉2片）
抓褶
※只有前片製作貼布縫、刺繡
貼布縫
表布
耳朵縫合位置
刺繡
34.5
※後片本體為左右對稱
57

1. 製作耳朵。

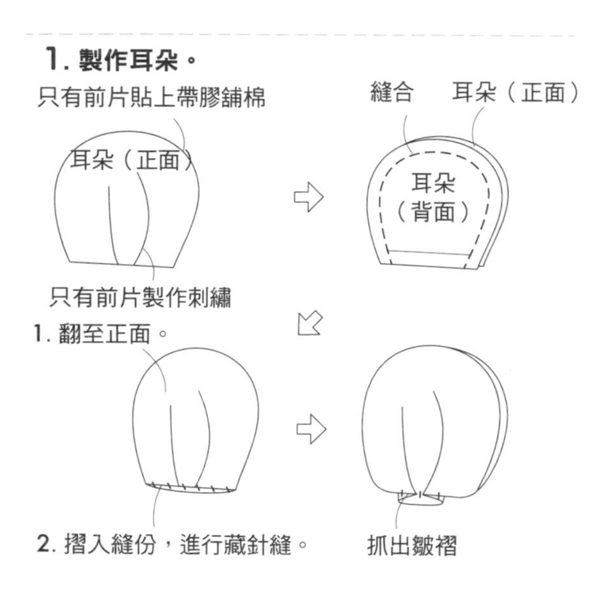

只有前片貼上帶膠鋪棉
耳朵（正面）
縫合
耳朵（正面）
耳朵
（背面）
只有前片製作刺繡
1. 翻至正面。
2. 摺入縫份，進行藏針縫。
抓出皺褶

2. 前片本體製作貼布縫、刺繡。

3. 對齊前片本體及後片本體，縫合周圍。

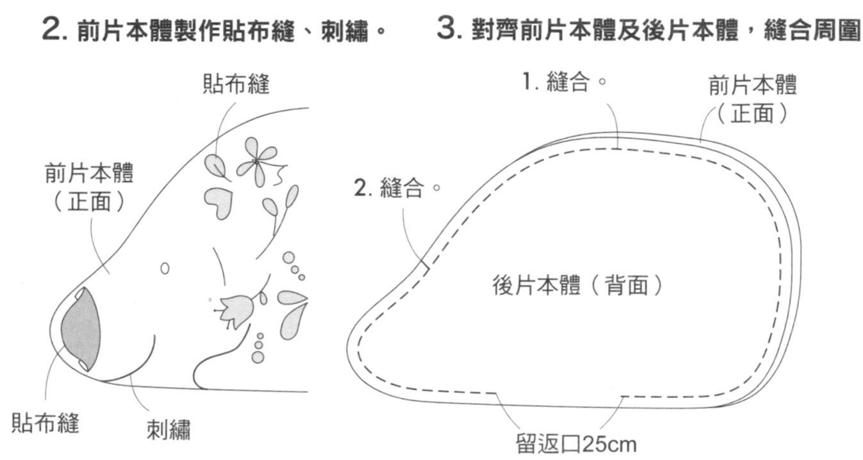

貼布縫
前片本體
（正面）
貼布縫
刺繡
1. 縫合。
前片本體
（正面）
2. 縫合。
後片本體（背面）
留返口25cm

4. 縫合中袋。

5. 本體放入中袋，中袋塞入棉花。

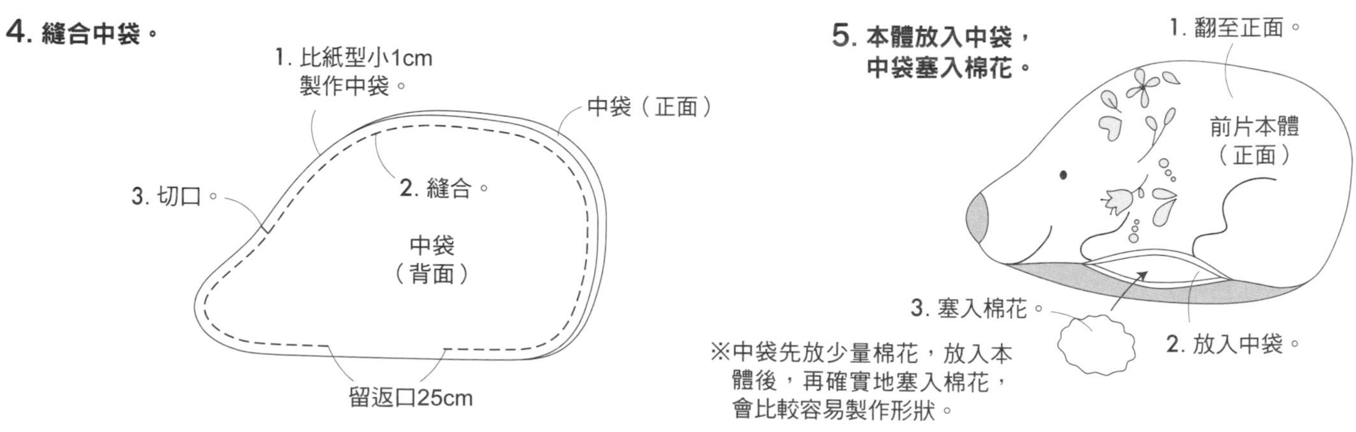

1. 比紙型小1cm
製作中袋。
中袋（正面）
3. 切口。
2. 縫合。
中袋
（背面）
留返口25cm
1. 翻至正面。
前片本體
（正面）
3. 塞入棉花。
2. 放入中袋。
※中袋先放少量棉花，放入本
體後，再確實地塞入棉花，
會比較容易製作形狀。

6. 返口各自進行藏針縫。

7. 在前片本體以藏針縫固定耳朵。

完成

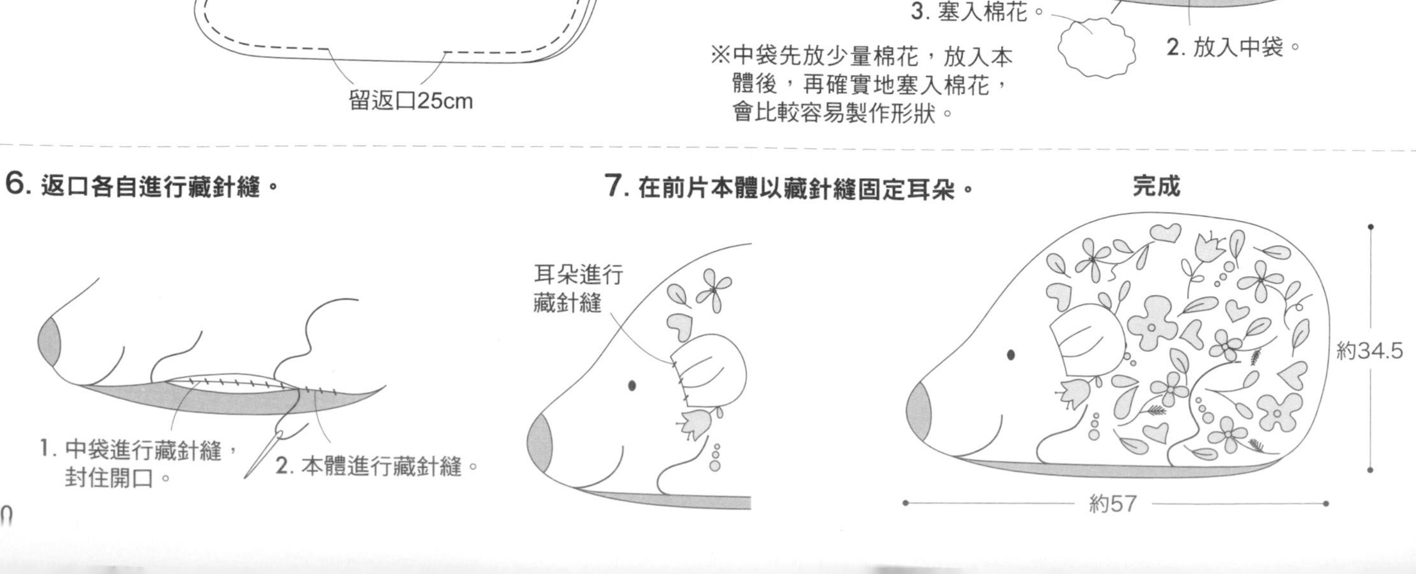

1. 中袋進行藏針縫，
封住開口。
2. 本體進行藏針縫。
耳朵進行
藏針縫
約34.5
約57

P.22 NO.25 松鼠抱枕

材料

- 表布（深棕色羊毛布）70cm 寬45cm
- 貼布縫用布（松鼠・淡棕色）30cm 寬30cm
- 貼布縫用布（衣服・格紋）20cm 寬20cm
- 貼布縫用布（橡實、鼻子）適量
- 毛線・細線（米色）適量
- 毛線・普通（深棕）適量
- 毛線・粗線（深棕、胭脂紅）適量
- 鈕釦（直徑6mm）1個
- 手工藝棉花適量　　※抱枕整體重量約370g

原寸紙型A面・紅色

前片本體1片（表布）

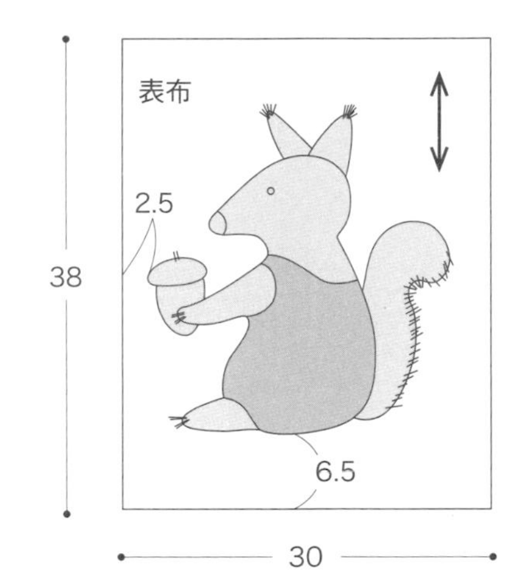

表布
2.5
38
6.5
30

後片本體1片（表布）

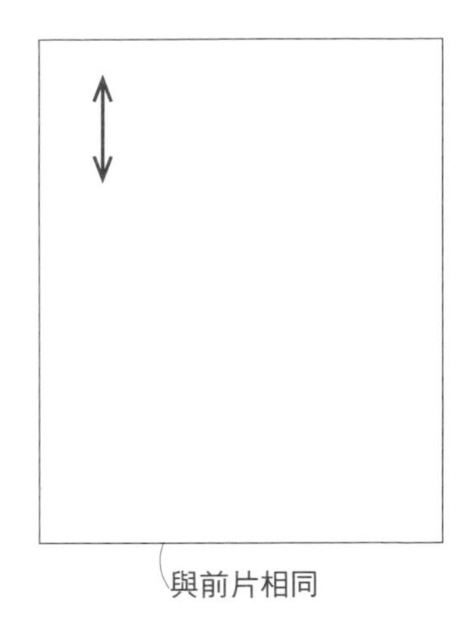

與前片相同

1. 前片本體進行貼布縫、刺繡。

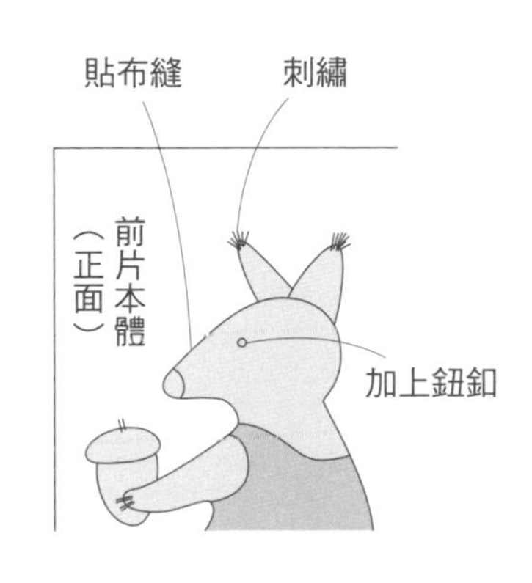

貼布縫
刺繡
前片本體（正面）
加上鈕釦

2. 對齊前片本體與後片本體，縫合周圍。製作中袋。

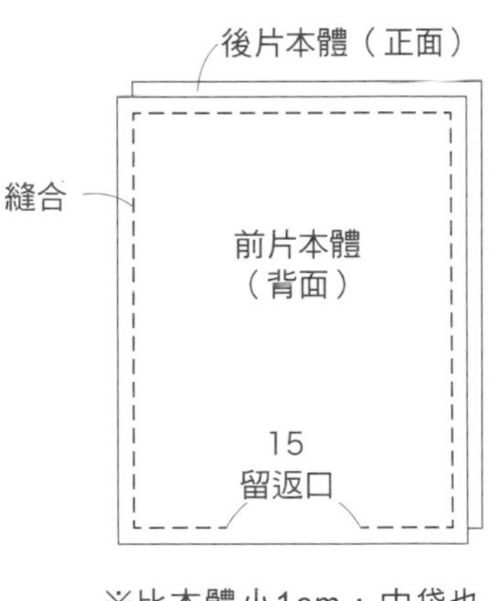

後片本體（正面）
縫合
前片本體（背面）
15
留返口

※比本體小1cm，中袋也依相同方式製作。

3. 本體放入中袋。中袋內塞入棉花。

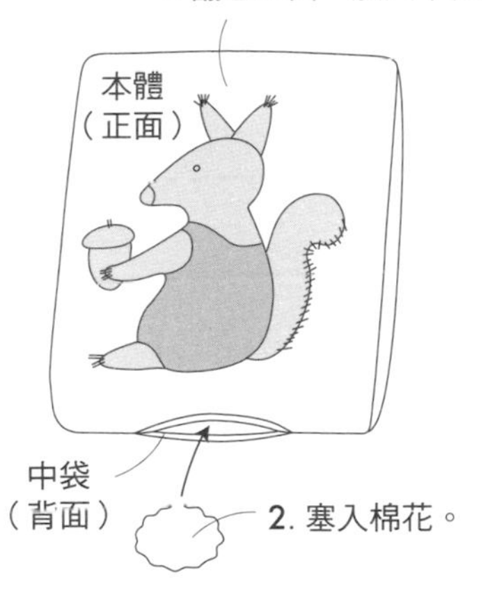

1. 翻至正面，放入中袋。
本體（正面）
中袋（背面）
2. 塞入棉花。

4. 返口各自進行藏針縫。

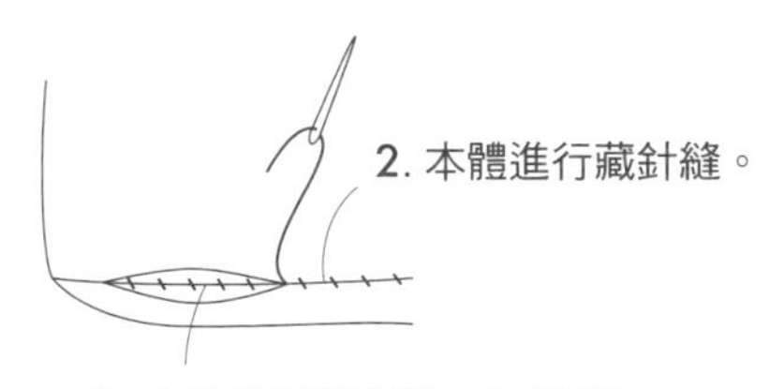

2. 本體進行藏針縫。
1. 中袋進行藏針縫，封住開口。

5. 製作毛球。

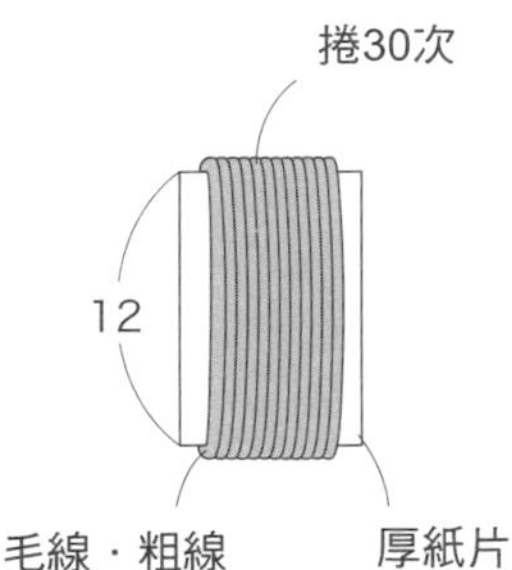

捲30次
12
毛線・粗線
胭脂紅
厚紙片

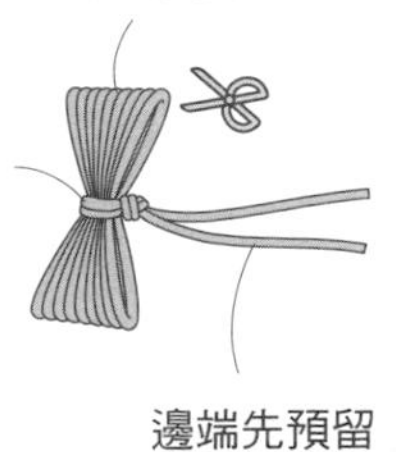

裁切摺雙處
中心緊實地
打結
邊端先預留
一定長度

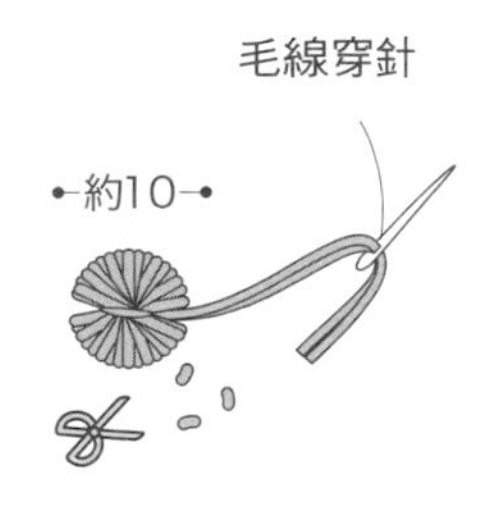

毛線穿針
約10
剪出圓球狀

6. 四個角加上毛球。

完成

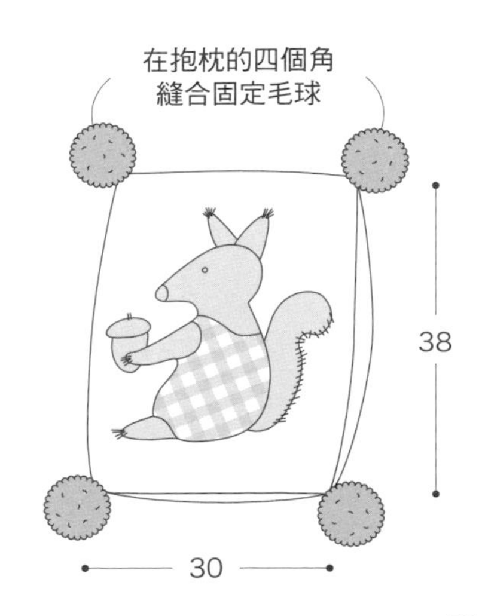

在抱枕的四個角
縫合固定毛球
38
30

材料

- 表布（深棕色素色）25cm 寬20cm
- 別布A（棕色格紋）20cm 寬20cm
- 別布B（棕色格紋）35cm 寬5cm
- 貼布縫用布 適量
- 帶膠鋪棉 35 cm 寬20cm
- 裡布（米色印花布）35cm 寬20cm
- 拉鍊（14cm）1條
- 25號繡線（黑色）

原寸紙型B面・紅色

前袋布1片
（表布・帶膠鋪棉・裡布）

拉鍊開口

耳朵片
（表布4片・
帶膠鋪棉2片）

13.5

14

後袋布1片
（別布・帶膠鋪棉・裡布）

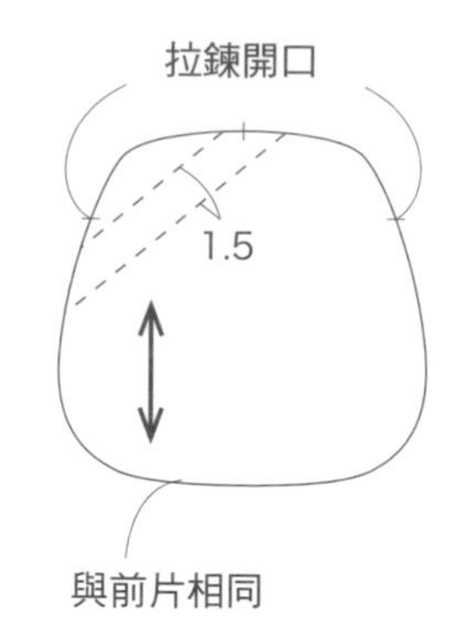
拉鍊開口
1.5

與前片相同

側身1片（別布B・帶膠鋪棉・裡布）

3

31.5

1. 製作耳朵。

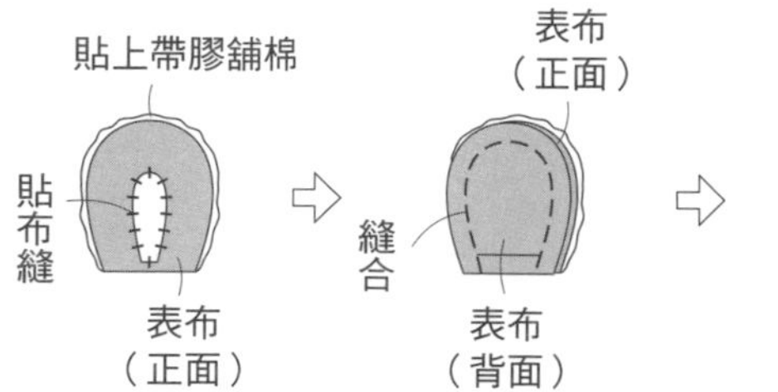
貼上帶膠鋪棉
貼布縫
表布（正面）
表布（正面）
縫合
表布（背面）

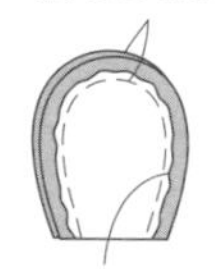
留0.5cm切齊
在縫線邊緣裁剪帶膠鋪棉

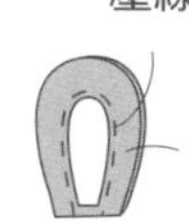
壓線
耳朵（正面）
製作2個

2. 前袋布加上鼻子周圍，製作眼睛、鼻子。暫時固定耳朵。

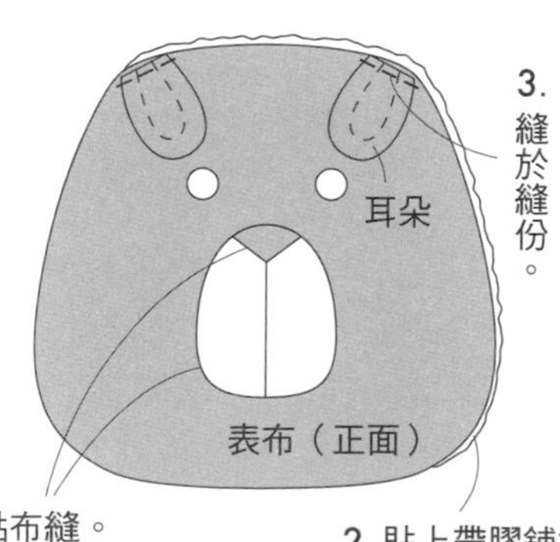
3. 縫於縫份。
耳朵
表布（正面）
1. 貼布縫。
2. 貼上帶膠鋪棉。

3. 對齊裡布，縫合周圍。

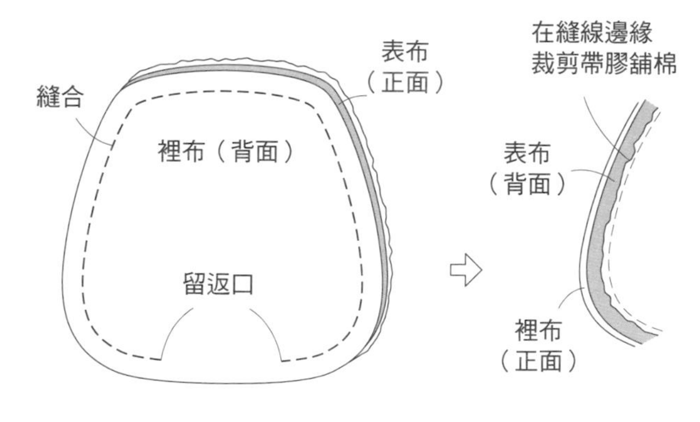
表布（正面）
縫合
裡布（背面）
留返口
在縫線邊緣裁剪帶膠鋪棉
表布（背面）
裡布（正面）

4. 翻至正面，壓線。

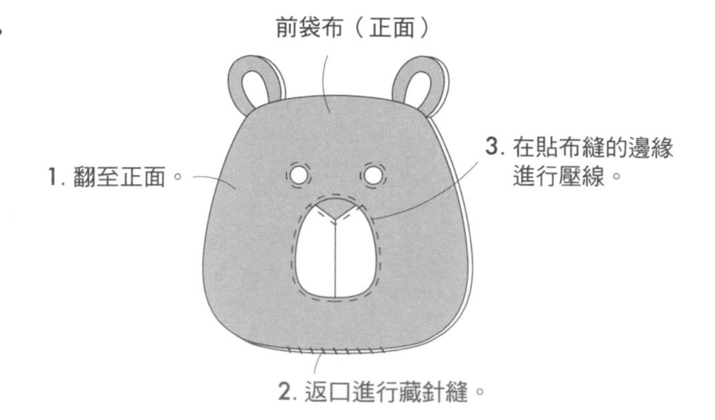
前袋布（正面）
1. 翻至正面。
3. 在貼布縫的邊緣進行壓線。
2. 返口進行藏針縫。

5. 製作後袋布。

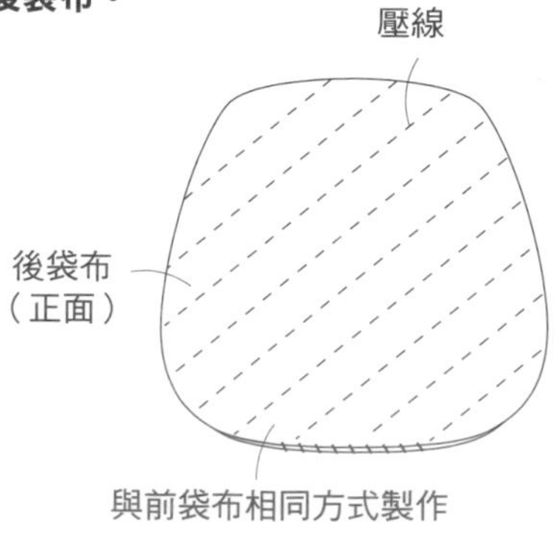
壓線
後袋布（正面）
與前袋布相同方式製作

6. 製作側身。

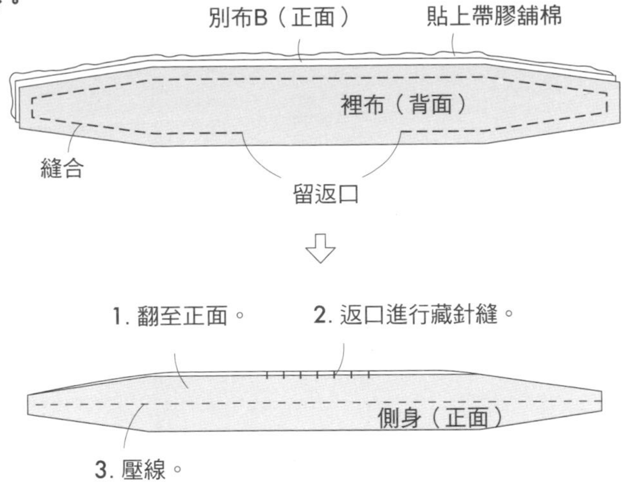
別布B（正面）
貼上帶膠舖棉
裡布（背面）
縫合
留返口
1. 翻至正面。
2. 返口進行藏針縫。
側身（正面）
3. 壓線。

7. 對齊袋布與側身，縫合周圍。

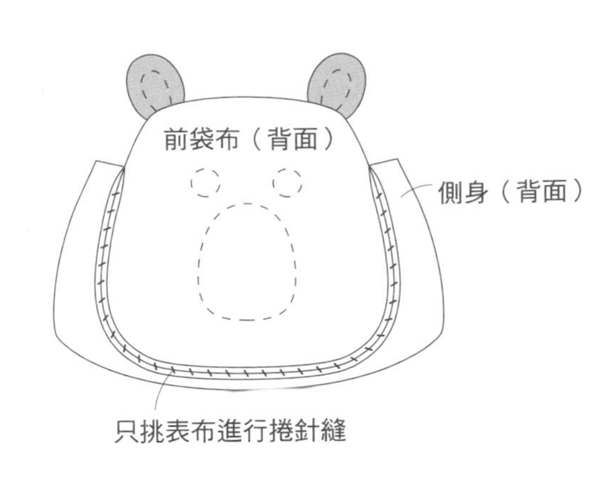
前袋布（背面）
側身（背面）
只挑表布進行捲針縫

8. 袋布加上拉鍊。

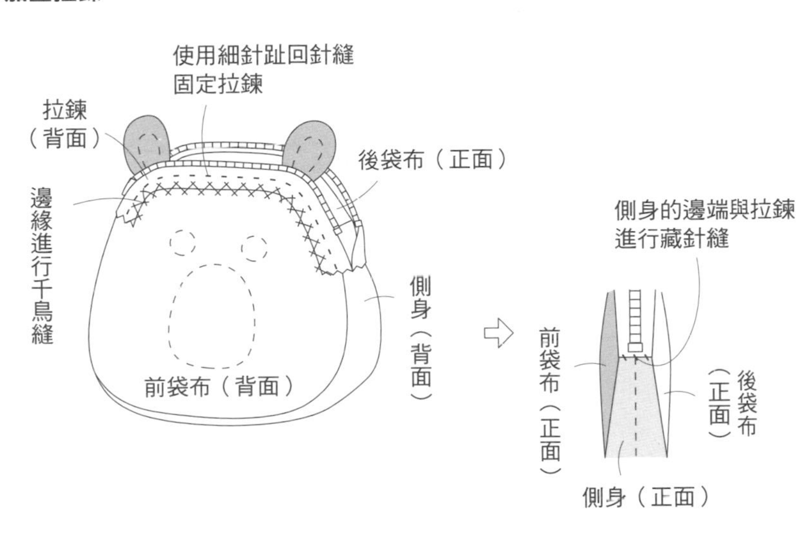
使用細針趾回針縫
固定拉鍊
拉鍊
（背面）
後袋布（正面）
邊緣進行千鳥縫
側身（背面）
前袋布（背面）
側身的邊端與拉鍊
進行藏針縫
前袋布（正面）
後袋布（正面）
側身（正面）

完成

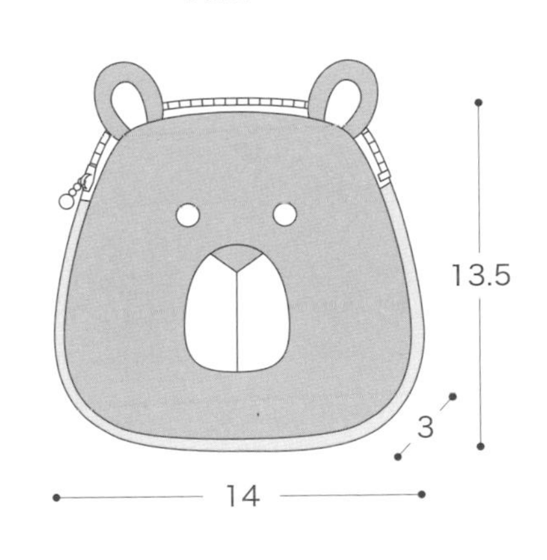
13.5
3
14

P.21 NO.24 動物波奇包／刺蝟

材料
- 表布（深灰素色）20cm 寬15cm
- 別布A（淺灰格紋）20cm 寬15cm
- 別布B（灰色編織布）20cm 寬15cm
- 貼布縫用布適量
- 帶膠舖棉 20 cm 寬30cm
- 裡布（米色印花布）25cm 寬30cm
- 拉鍊（14cm）1條

原寸紙型B面．紅色

前袋布1片
（表布．帶膠舖棉．裡布）

鼻子1片
（表布）

表布
拉鍊開口
摺襞
12
別布 A

耳朵1片
（別布A 2片．帶膠舖棉1片）

19

腳2片
（表布4片．
帶膠舖棉2片）

後袋布1片
（別布B．帶膠舖棉．裡布）

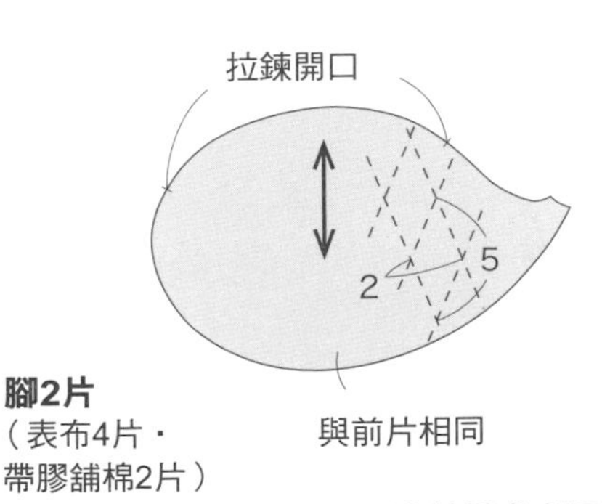
拉鍊開口
2
5
與前片相同

※作法請參考下一頁

1. 製作耳朵。 **2. 製作腳。** **3. 製作鼻子。**

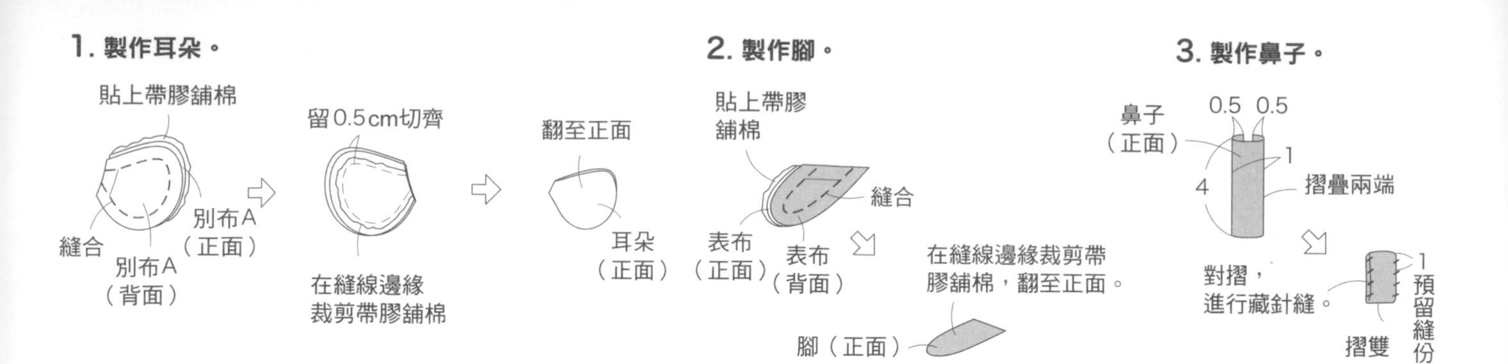
貼上帶膠舖棉
縫合
別布A
（背面）
別布A
（正面）
留0.5cm切齊
在縫線邊緣
裁剪帶膠舖棉
翻至正面
耳朵
（正面）
貼上帶膠
舖棉
縫合
表布
（正面）
表布
（背面）
在縫線邊緣裁剪帶
膠舖棉，翻至正面。
腳（正面）
製作2個
鼻子
（正面）
0.5 0.5
1
4
摺疊兩端
對摺，
進行藏針縫。
1
預留縫份
摺雙

4. 前袋布製作貼布縫，縫合頭部後，製作表布。 **5. 貼上舖棉，暫時固定鼻子及腳部。**

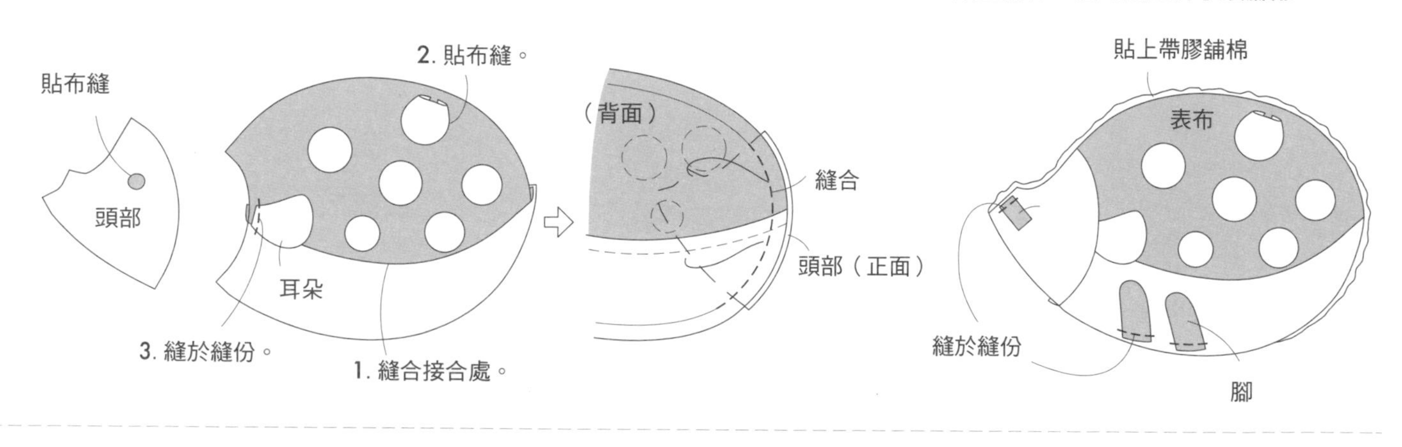
貼布縫
頭部
2. 貼布縫。
耳朵
3. 縫於縫份。
1. 縫合接合處。
（背面）
縫合
頭部（正面）
貼上帶膠舖棉
表布
縫於縫份
腳

6. 對齊裡布，縫合周圍。 **7. 翻至正面，進行壓線。**

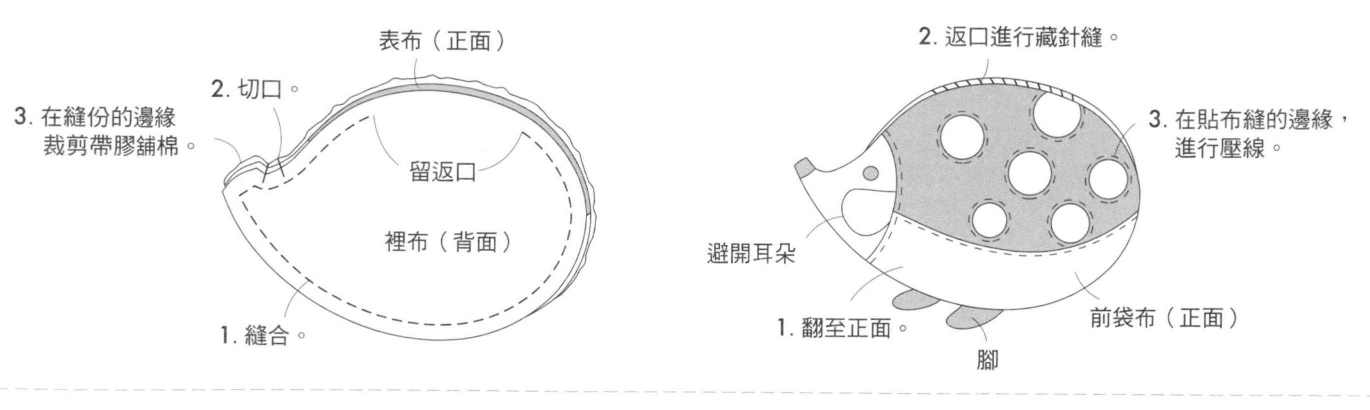
表布（正面）
2. 切口。
3. 在縫份的邊緣
裁剪帶膠舖棉。
留返口
裡布（背面）
1. 縫合。
2. 返口進行藏針縫。
3. 在貼布縫的邊緣，
進行壓線。
避開耳朵
1. 翻至正面。
前袋布（正面）
腳

8. 製作後袋布。

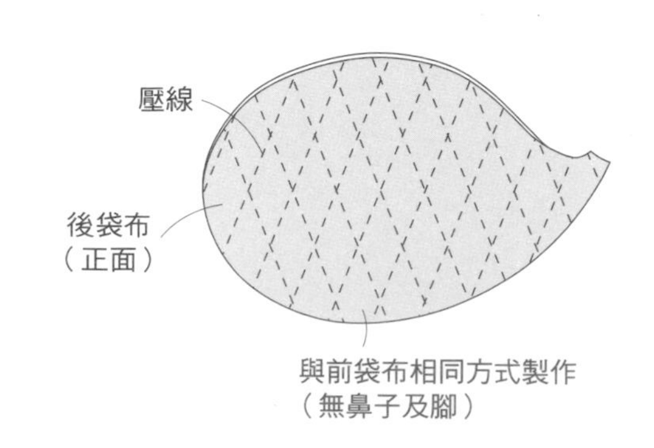
壓線
後袋布
（正面）
與前袋布相同方式製作
（無鼻子及腳）

9. 對齊前袋布與後袋布，縫合周圍。

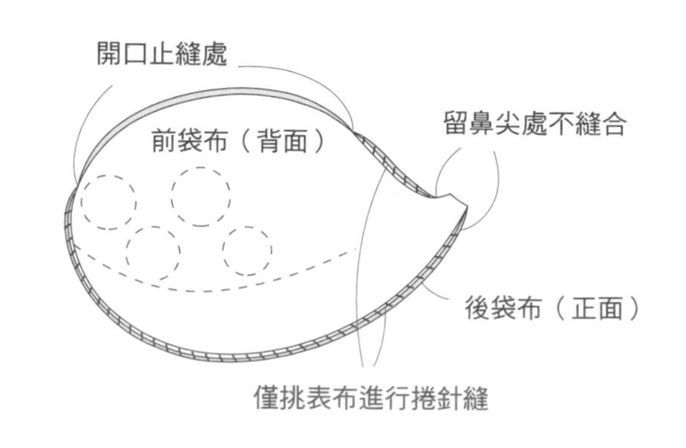
開口止縫處
前袋布（背面）
留鼻尖處不縫合
後袋布（正面）
僅挑表布進行捲針縫

10. 袋布加上拉鍊。

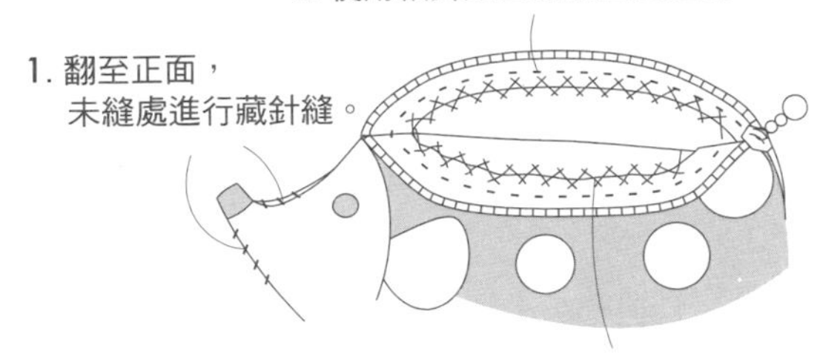

2. 使用細針趾回針縫固定拉鍊。
1. 翻至正面，
未縫處進行藏針縫。
3. 邊端使用千鳥縫。

完成

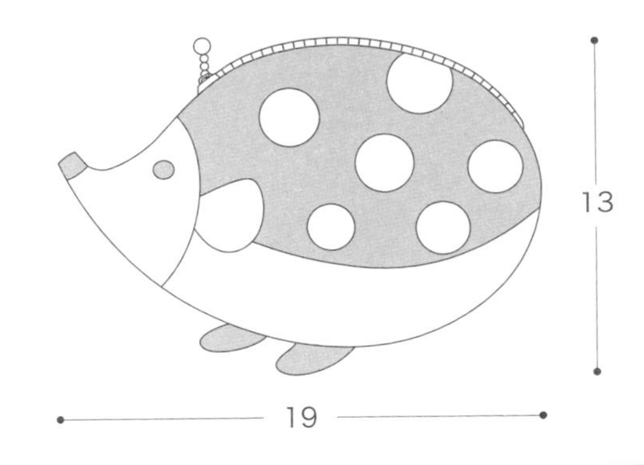

13
19

P.27 NO.29 NO.30 餐墊

材料（共用）

- 表布（各種）合計50cm 寬35cm
- 裡布（米色印花布）40cm 寬30cm
- 貼布縫用布適量
- 滾邊布（格紋）合計3.5cm 寬170cm的斜紋布
- 舖棉40cm 寬30cm
- 25號繡線（NO.29紅色、NO.30深藍）

原寸紙型A面・紅色

1. 進行貼布縫，縫合串珠，製作表布。
2. 表布貼上舖棉。
3. 重疊裡布，針穿至裡布，進行平針縫。
4. 斜紋布裁至喜好長度，縫合。
5. 上下側進行滾邊。
6. 左右側進行滾邊。

NO. 29 **本體1片**（表布・帶膠舖棉・裡布）

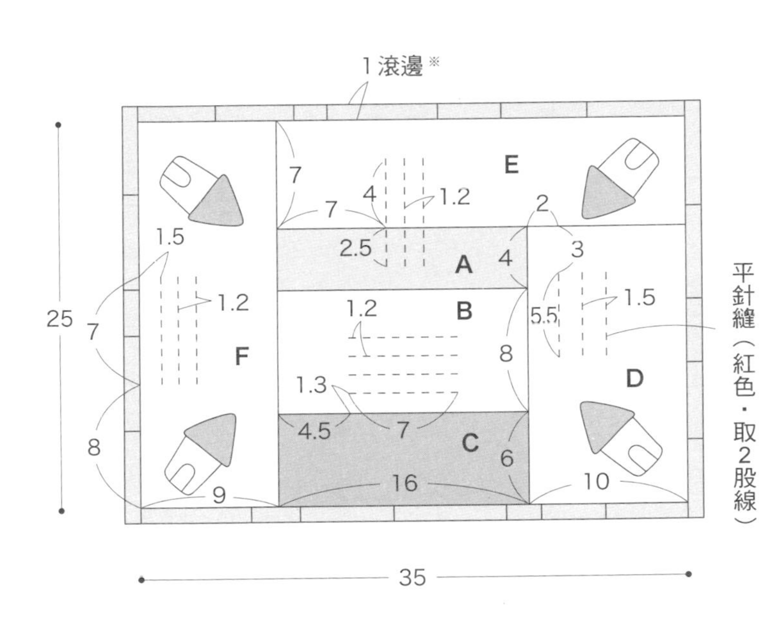

1 滾邊※
E
A
B
F
C
D
平針縫（紅色・取2股線）
25
35

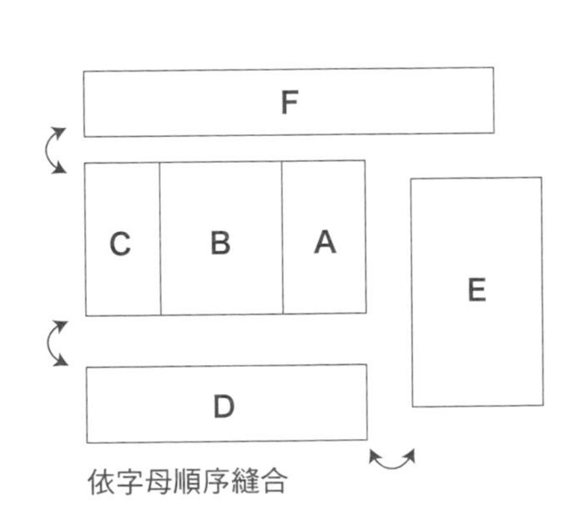

F
C
B
A
E
D
依字母順序縫合

NO. 30 **本體1片**（表布・帶膠舖棉・裡布）

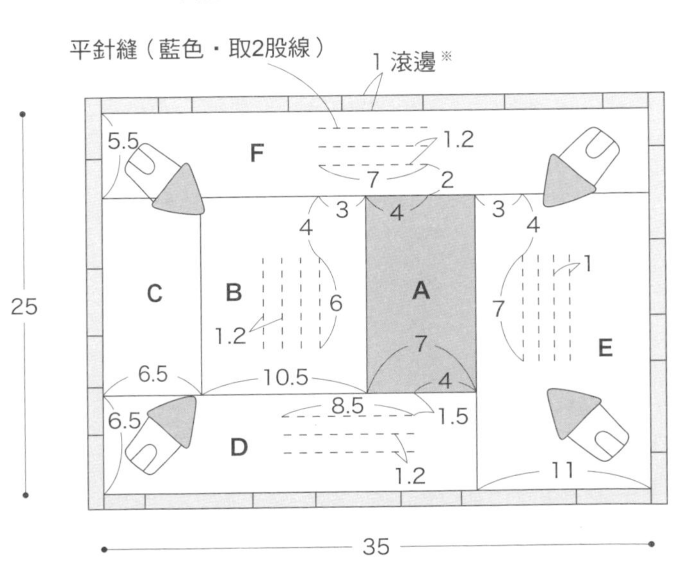

平針縫（藍色・取2股線）
1 滾邊※
F
C
B
A
E
D
25
35

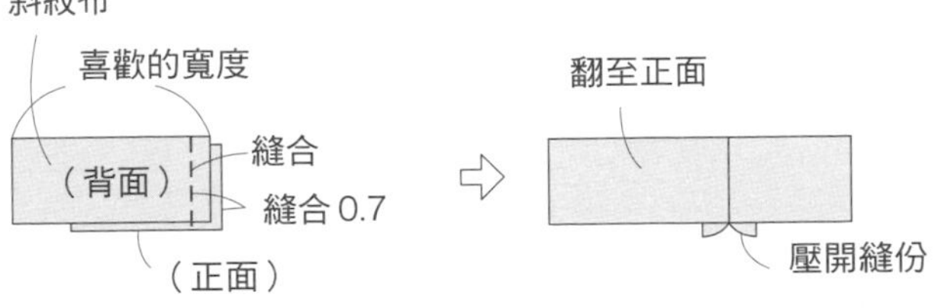

斜紋布
喜歡的寬度
（背面）
縫合
縫合 0.7
（正面）
翻至正面
壓開縫份

※可依喜歡的寬度拼接滾邊邊框

P.28 NO.33 桌布

材料

- 表布（米色格紋）110cm 寬110cm
- 裡布（水藍色印花布）110cm 寬110cm
- 貼布縫用布適量
- 8號繡線（米色）
- 25號繡線（米色、苔綠色、棕色）

原寸紙型A面・紅色

本體1片（表布・裡布）

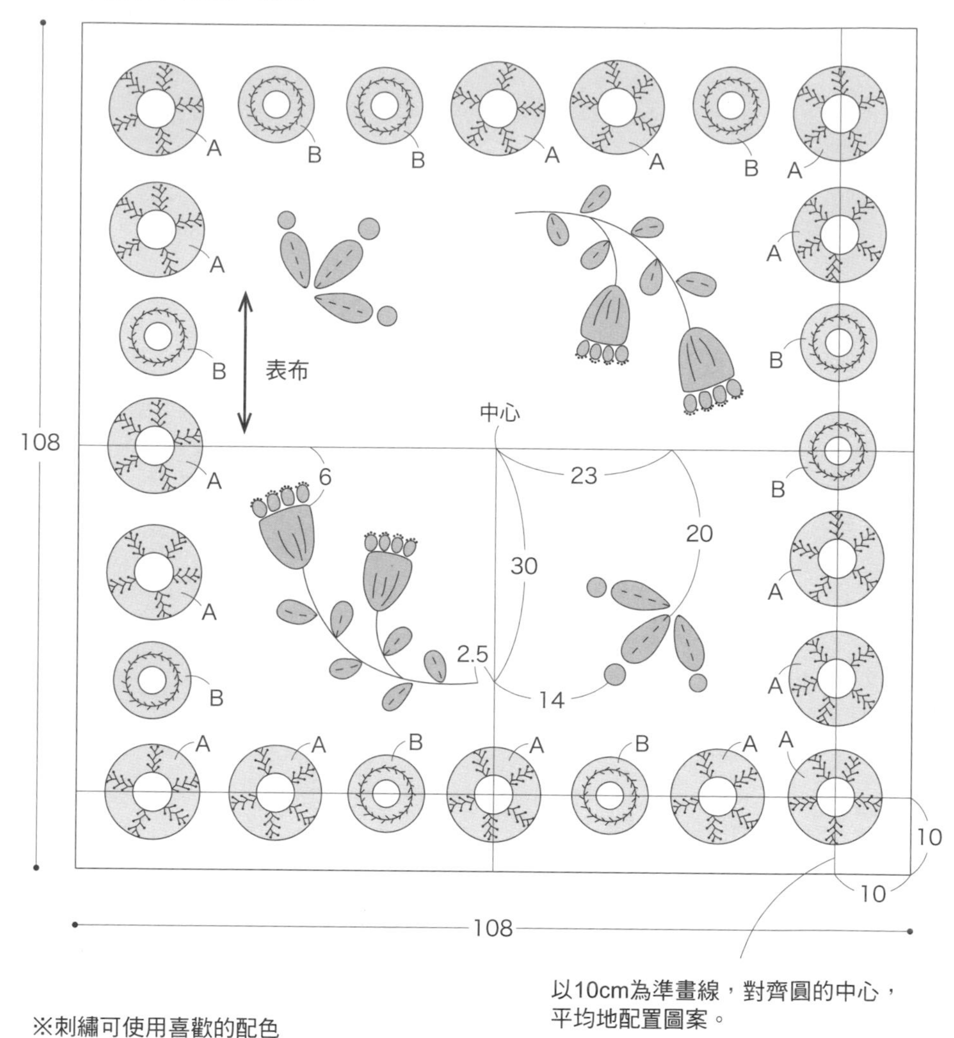

A
B
表布
中心
108
6
23
20
30
2.5
14
10
10
108

以10cm為準畫線，對齊圓的中心，
平均地配置圖案。

1. 表布製作貼布縫、刺繡。

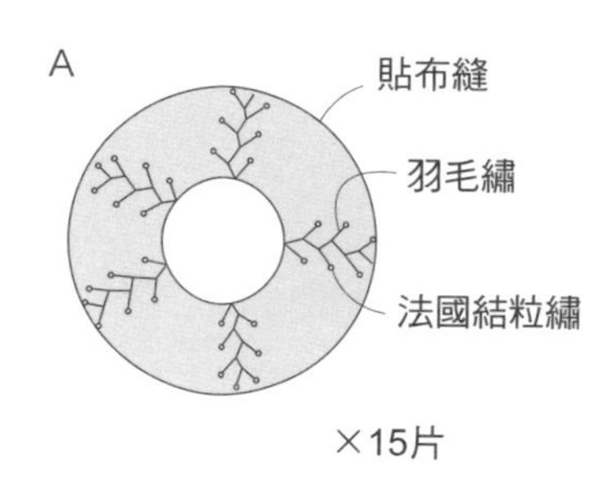

A
貼布縫
羽毛繡
法國結粒繡
×15片

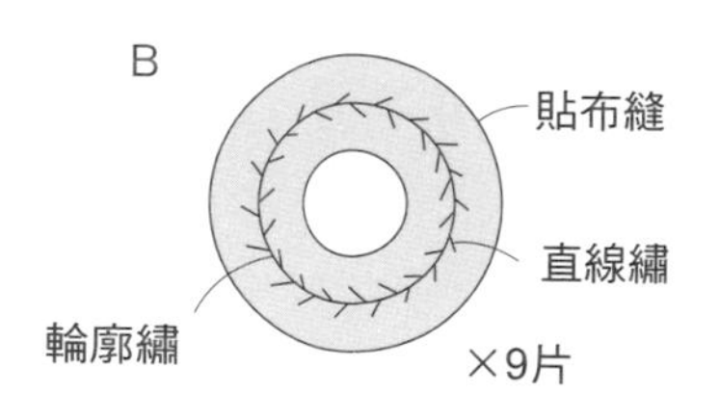

B
貼布縫
直線繡
輪廓繡
×9片

※刺繡可使用喜歡的配色

2. 對齊表布與裡布，縫合周圍。

留返口

表布（正面）

裡布（背面）

縫合

3. 翻至正面，返口進行藏針縫。周圍進行回針縫。

完成

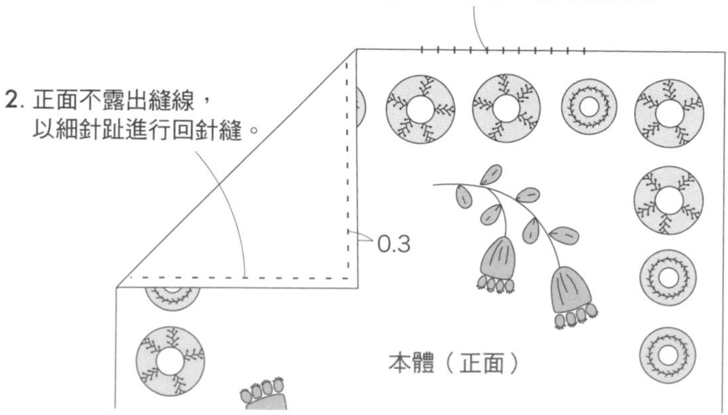

1. 翻至正面，返口進行藏針縫。
2. 正面不露出縫線，
以細針趾進行回針縫。
0.3
本體（正面）

拼布的基礎

原寸紙型說明

本書附贈1張原寸紙型。
紙型上有一部分線條重疊。這是要使用半透明的紙張（打版紙等）描圖的紙型，以自動鉛筆複寫圖案，裁剪後製作成紙型。
布片的箭號是布紋線。對齊布料的縱線。
製圖上有布紋的布片，在紙型上無標示，請依指定的尺寸製作紙型。紙型標示不含縫份。各布片請加上縫份空間後，再裁剪布料。

縫份說明

製圖、紙型皆無標示縫份。各部位請預留1cm的縫份後，再進行裁剪。拼接布片預留0.7cm、貼布縫預留0.3至0.5cm。
使用的布料較容易脫線，可多預留縫份，縫合完成後，再裁剪及切齊縫份。
長方形及圓形的紙型製圖上若標示「直接裁剪」，是指含縫份的尺寸。不需預留縫份，依指定的尺寸裁剪布料即可。

拼接

布片間的縫合，稱為拼接。製作紙型，裁剪布料，將2片布片對齊後以手縫方式製作。

■ 製作紙型

影印紙型，放於厚紙上方，使用錐子在邊角的位置打洞。沿著厚紙上打好的洞，以量尺畫線，再以剪刀裁剪。

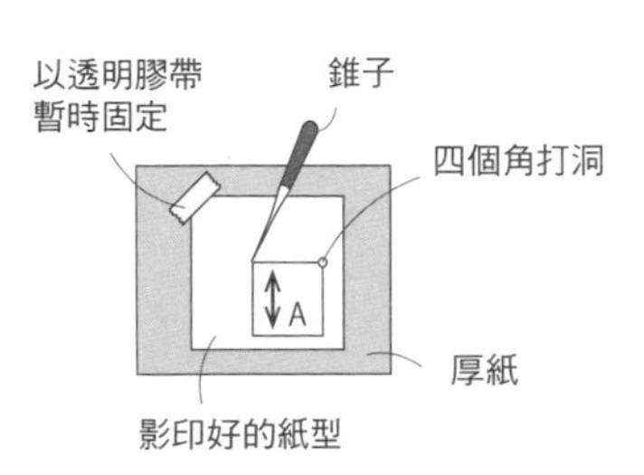

以透明膠帶
暫時固定
錐子
四個角打洞
A
厚紙
影印好的紙型

■ 裁剪布料

以熨斗燙熨布料，放於拼布燙板上，與紙型組合，在布的背面作上記號。
預留縫份，再取下一片布片。

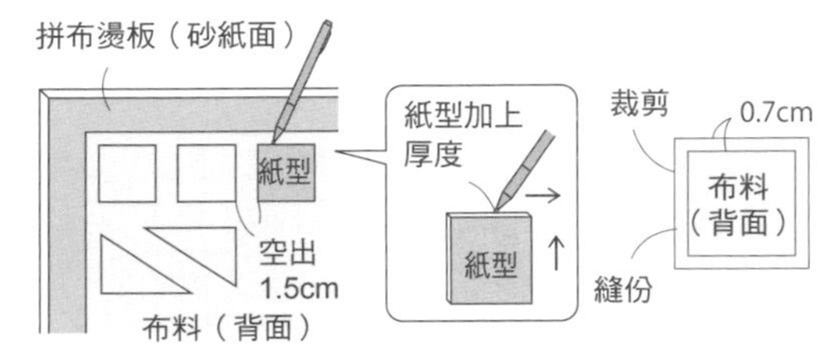

布用自動鉛筆（B或2B）
拼布燙板（砂紙面）
紙型
紙型加上
厚度
紙型
空出
1.5cm
布料（背面）
裁剪
0.7cm
布料
（背面）
縫份

※非左右對稱的布片，將紙型翻至背面，作上記號。

■ 縫法及線

使用頂針，取1股拼布線進行平針縫。縫線間隔0.2至0.3cm。
為避免看不清楚線條，請使用原色或灰色等中間色的線。

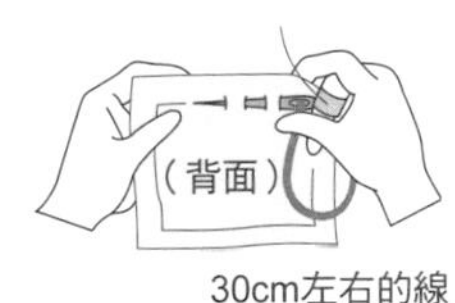

中指使用頂針壓針
（背面）
30cm左右的線

■ 縫法

1 布的正面之間對齊內側後，以珠針固定。從布邊進行回針縫，縫至布邊後，以指尖壓平縫線縮起處。止縫處也進行回針縫。

2 縫份2片皆倒向深色方向的布。縫合2組時，對齊縫線中心。從邊緣開始縫合，中心進行回針縫，縫至邊緣。

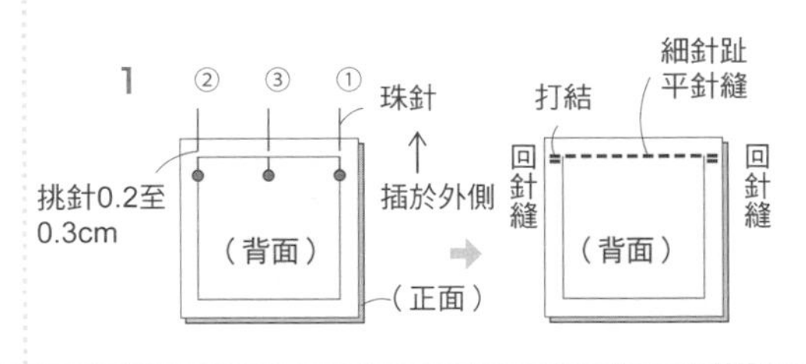

1
②
③
①
珠針
插於外側
挑針0.2至
0.3cm
（背面）
（正面）
打結
細針趾
平針縫
回
針
縫
回
針
縫
（背面）

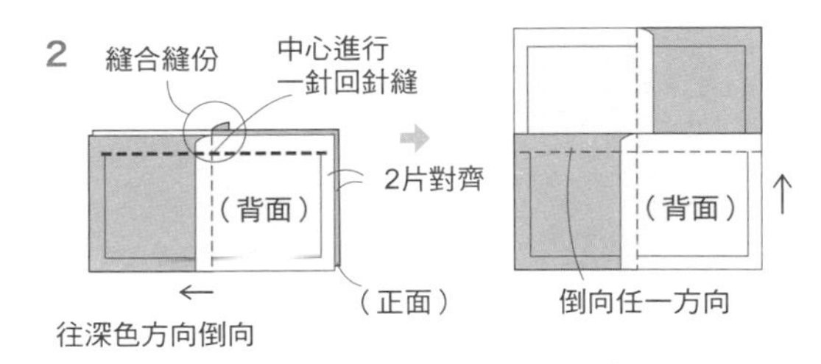

2
縫合縫份
中心進行
一針回針縫
2片對齊
（背面）
往深色方向倒向
（正面）
（背面）
倒向任一方向

■ 嵌入式布片的縫法

無法以直線縫合的布片，不縫至縫份處，而是縫至記號處。
下一片布片縫至記號處，避開縫份後，與下一片布片縫合。
此縫法稱為「嵌入式縫法」。

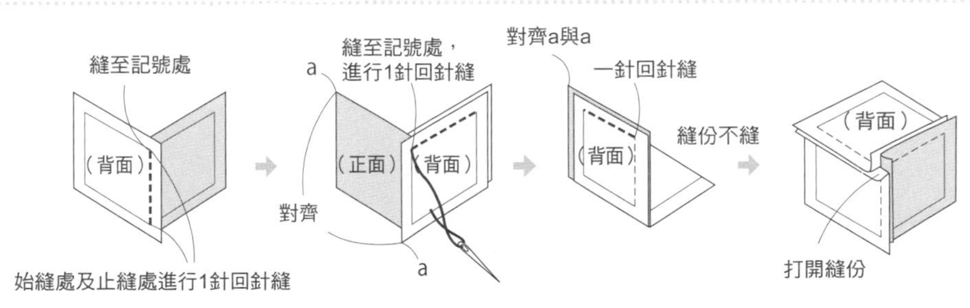

縫至記號處
（背面）
始縫處及止縫處進行1針回針縫
a
縫至記號處，
進行1針回針縫
（正面）
（背面）
對齊
a
對齊a與a
一針回針縫
（背面）
縫份不縫
（背面）
打開縫份

貼布縫

重疊好幾片的貼布縫，以由下往上的順序開始縫合。繡線使用搭配貼布縫顏色的拼布線。

■ 使用厚紙製作形狀的縫法

貼布縫的縫份是0.5cm。包住厚紙後，摺出褶痕，拆下厚紙，放於底布上縫合。

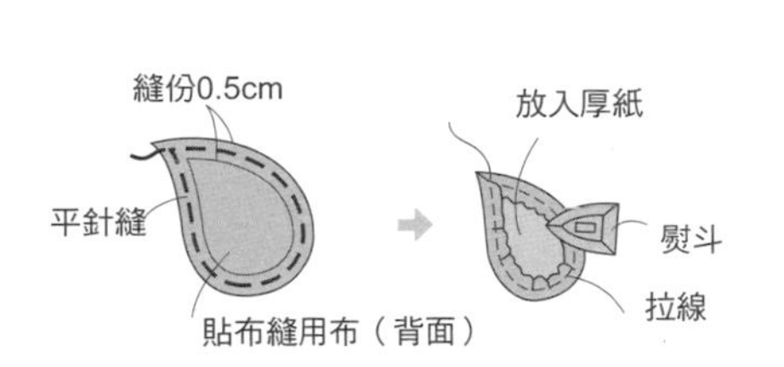

縫份0.5cm
平針縫
貼布縫用布（背面）
放入厚紙
熨斗
拉線

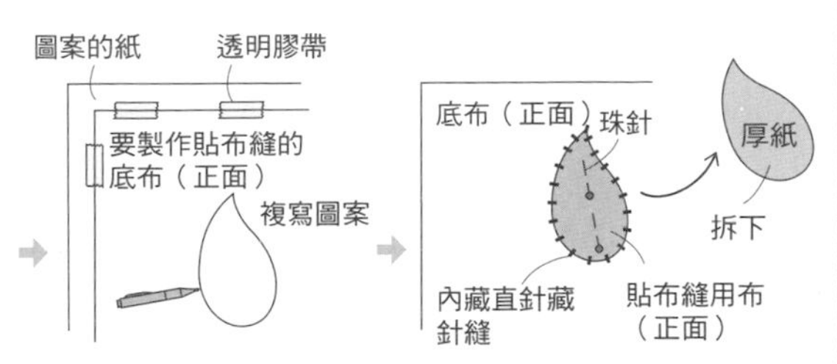

圖案的紙
透明膠帶
要製作貼布縫的
底布（正面）
複寫圖案
底布（正面）
珠針
厚紙
拆下
內藏直針藏
針縫
貼布縫用布
（正面）

■ 針尖摺入縫法

縫份是0.3cm。放於底布上，使用針尖摺入縫份，一邊進行內藏直針藏針縫。

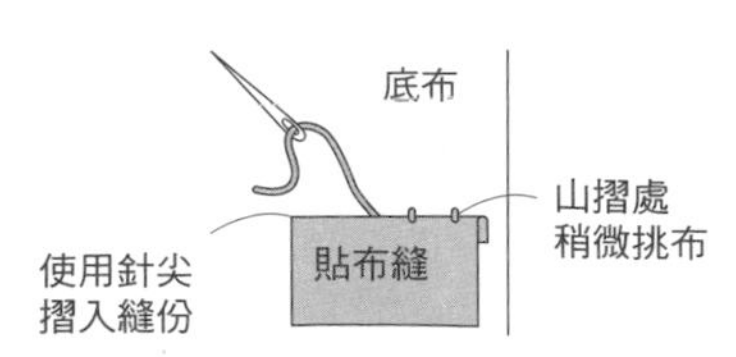

底布
山摺處
稍微挑布
貼布縫
使用針尖
摺入縫份

疏縫　疏縫是壓線的準備。拼接或貼布縫後，呈現一片布的拼布，稱之為表布。

■ 畫壓線的線

以布用自動鉛筆在表布畫線。格子壓線可使用方眼量尺。深色的布，使用白色或黃色較顯眼。

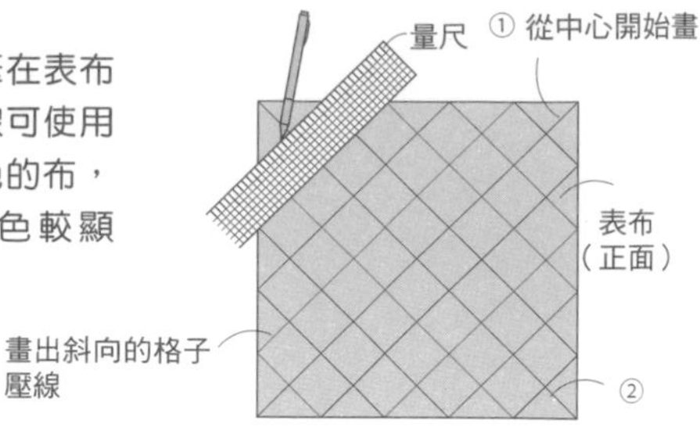

量尺
① 從中心開始畫
表布
（正面）
畫出斜向的格子
壓線
②

■ 貼上帶膠舖棉

在表布背面貼上帶膠舖棉。與貼布襯一樣，帶膠的面放於表布背面，使用熨斗從正面熨壓貼合。

■ 疏縫

重疊貼上舖棉的表布及裡布，縫合疏縫線。

在平坦的桌上上方重疊2片固定，以珠針暫時固定。手不拿布料，保持放置在桌上的狀態，從中心往外呈放射狀縫合。最後再縫合周圍一圈。

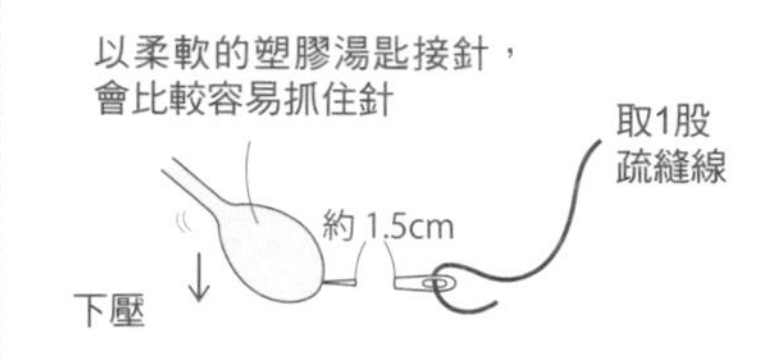

以柔軟的塑膠湯匙接針，
會比較容易抓住針
取1股
疏縫線
約 1.5cm
下壓

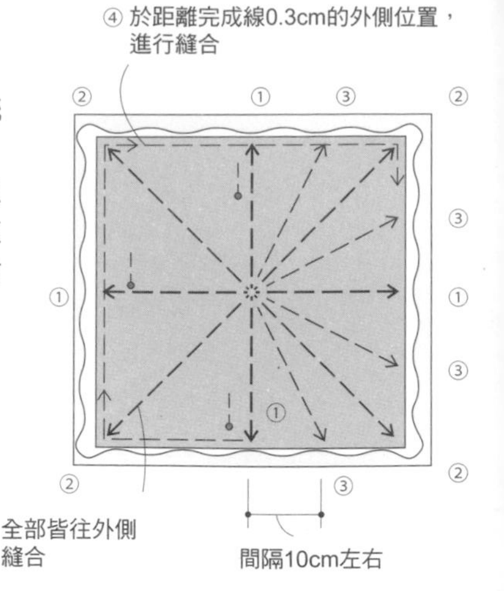

④ 於距離完成線0.3cm的外側位置，
進行縫合
②
①
③
②
③
①
①
③
①
②
②
③
全部皆往外側
縫合
間隔10cm左右

壓線　從表布穿至裡布後縫合的線，稱為壓線。

■ 線與針趾

取1股壓線用線縫合。顏色整體使用與原色、灰色等不顯眼的顏色，或是搭配布料顏色選擇。針穿至裡布，針趾之間距離統一在0.1cm至0.2cm。

壓線始縫、止縫皆在布的正面作處理。
壓線完成後，再取下疏縫線。

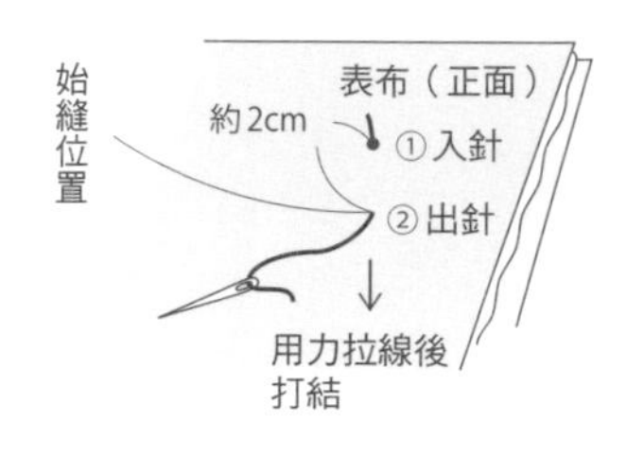

始縫位置
表布（正面）
約 2cm
① 入針
② 出針
用力拉線後
打結

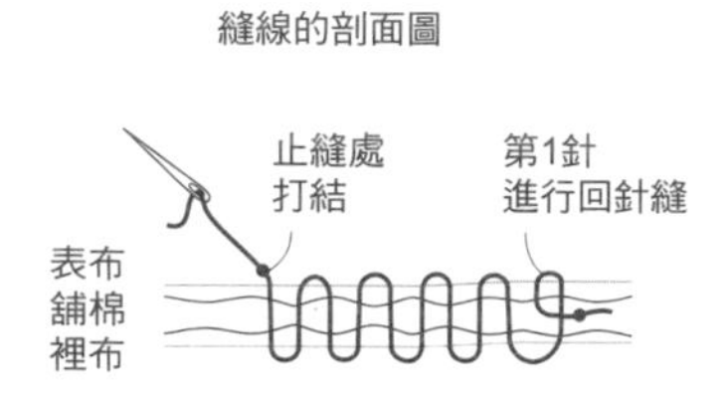

縫線的剖面圖
止縫處
打結
第1針
進行回針縫
表布
舖棉
裡布

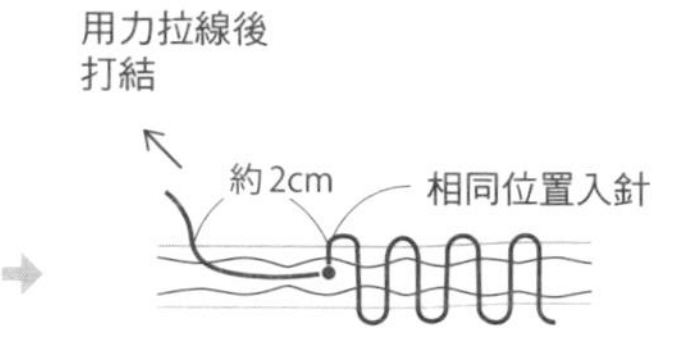

用力拉線後
打結
約 2cm
相同位置入針

■ 頂針使用方法

將皮製的頂針套入持針手上的中指，金屬頂針套入接針手上的中指。
使用頂針壓針，針尖與金屬頂針碰觸後往上壓，讓針尖在表面出針。

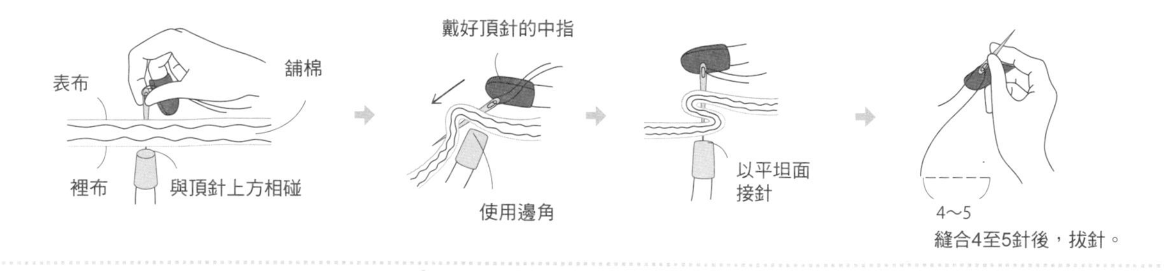

表布
舖棉
裡布
與頂針上方相碰
戴好頂針的中指
使用邊角
以平坦面
接針
4～5
縫合4至5針後，拔針。

■ 小尺寸作品的壓線

以平針縫方式縫合。若用力握住，會產生皺褶，請慢慢地將布往內拉摺，縫合。

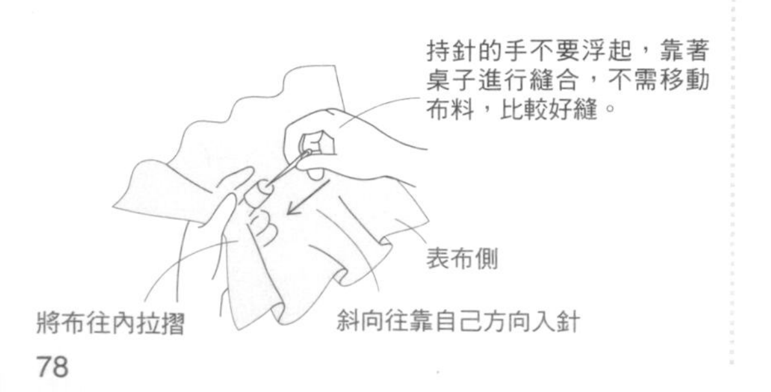

持針的手不要浮起，靠著
桌子進行縫合，不需移動
布料，比較好縫。
表布側
將布往內拉摺
斜向往靠自己方向入針

■ 使用壓線框的壓線

包包或是壁飾等大尺寸作品，使用壓線框進行壓線，可以作出漂亮的針趾。鬆開壓線框，撐開布料後，靠在桌子邊緣，張開兩手，使用頂針的縫法。

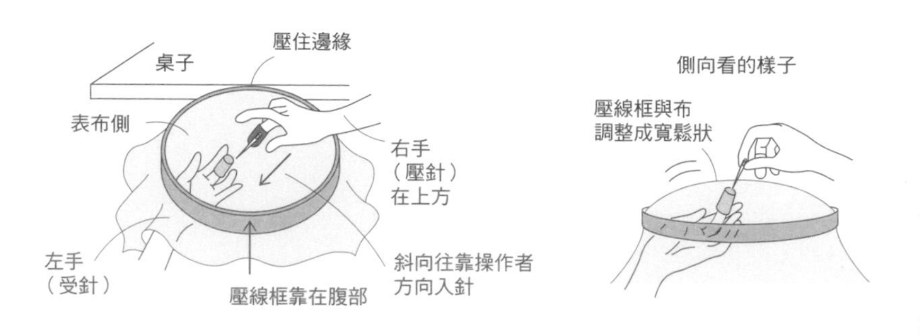

壓住邊緣
桌子
表布側
右手
（壓針）
在上方
左手
（受針）
壓線框靠在腹部
斜向往靠操作者
方向入針
側向看的樣子
壓線框與布
調整成寬鬆狀

滾邊

完成壓線後的布邊處理稱為滾邊。寬3.5cm的斜紋布可作成0.8cm至1cm的滾邊布。

裁剪斜紋布，縫合後接長。縫合至記號處後，摺疊，避開縫份縫合。包覆布邊進行藏針縫。

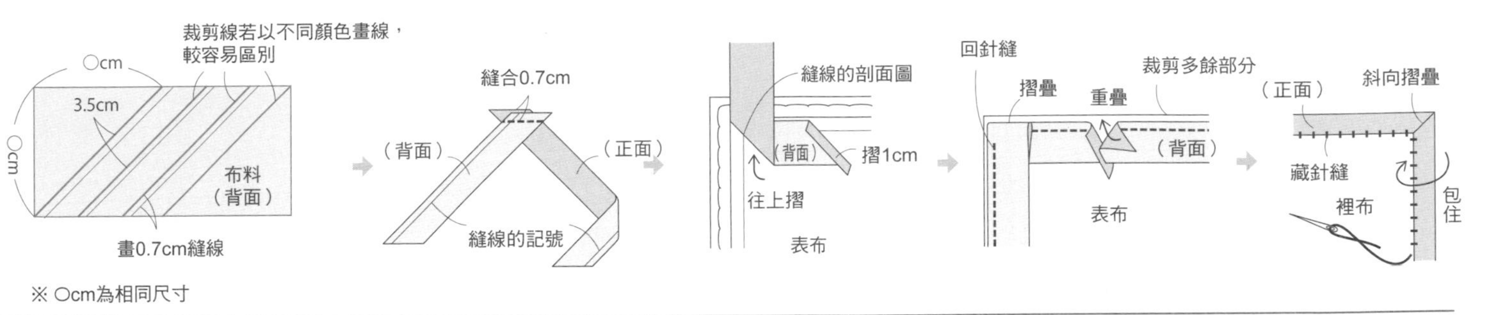

裁剪線若以不同顏色畫線，
較容易區別
○cm
3.5cm
○cm
布料
（背面）
畫0.7cm縫線
縫合0.7cm
（背面）
（正面）
縫線的記號
縫線的剖面圖
（背面）
摺1cm
往上摺
表布
回針縫
摺疊
重疊
裁剪多餘部分
（背面）
表布
（正面）
斜向摺疊
藏針縫
裡布
包住

※ ○cm為相同尺寸

壁飾整體拼接

■捲針縫

裡布與貼上舖棉的表布正面相對（兩片布的正面朝內），縫合周圍。翻至正面，返口進行藏針縫，疏縫後再壓線。以細針趾的捲針縫縫合2組布片。

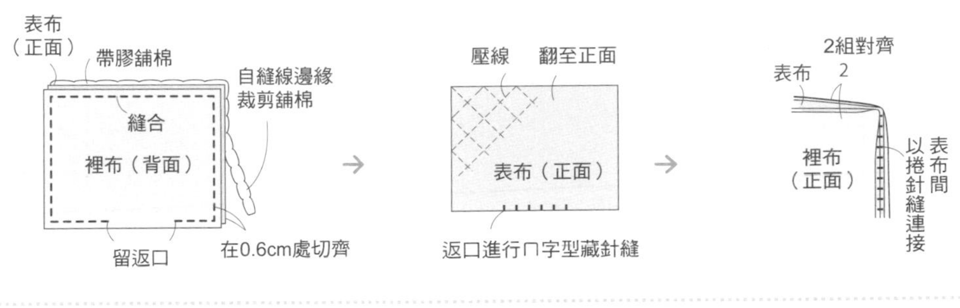

表布
（正面）
帶膠舖棉
自縫線邊緣
裁剪舖棉
縫合
裡布（背面）
留返口
在0.6cm處切齊
壓線
翻至正面
表布（正面）
返口進行ㄇ字型藏針縫
2組對齊
表布
2
裡布
（正面）
以捲針縫連接表布間

■以裡布包覆縫份

留單邊的裡布縫份，其他部分在0.6cm處切齊。使用剩餘的裡布包覆縫份，進行藏針縫。

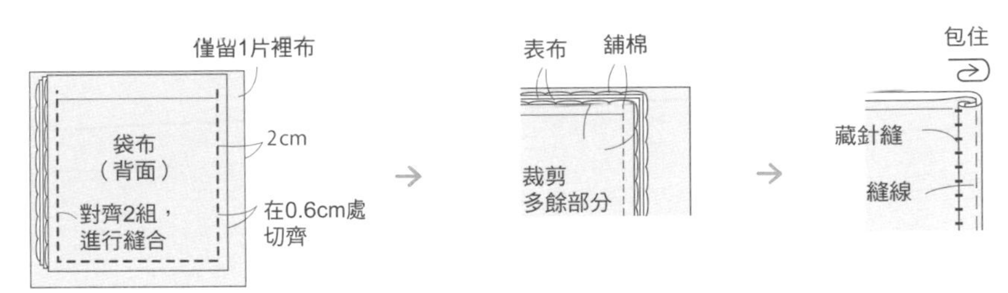

僅留1片裡布
袋布
（背面）
2cm
對齊2組，
進行縫合
在0.6cm處
切齊
表布
舖棉
裁剪
多餘部分
包住
藏針縫
縫線

刺繡與縫法

使用25號及8號繡線。標記取○股線的刺繡使用25號繡線。
8號繡線皆取1股線。8號繡線使用#8標記。

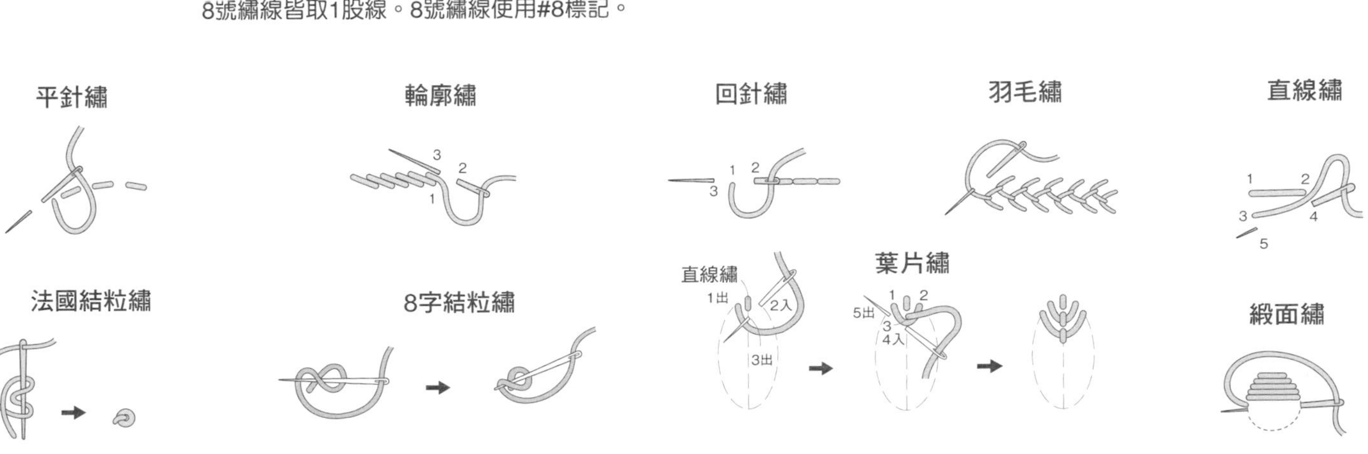

平針繡
輪廓繡
回針繡
羽毛繡
直線繡
法國結粒繡
8字結粒繡
直線繡
1出
2入
3出
葉片繡
5出
4入
緞面繡

雛菊繡

魚骨繡

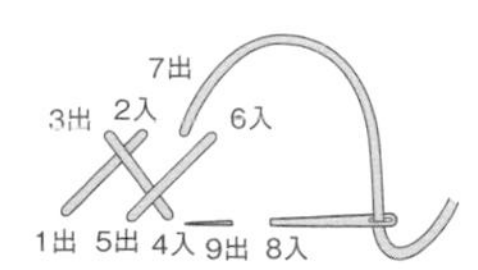

7出
3出
2入
6入
1出
5出
4入
9出
8入

星止縫
（細針趾回針縫）

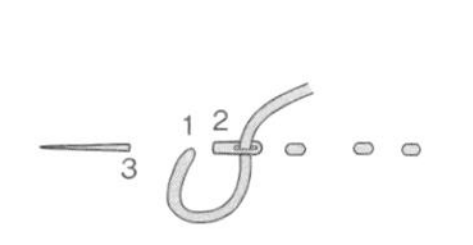

捲針縫

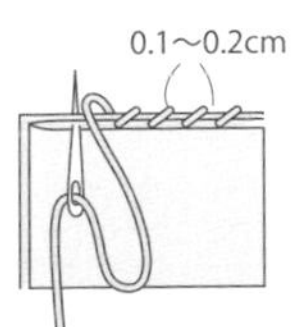

0.1～0.2cm

ㄇ字型藏針縫

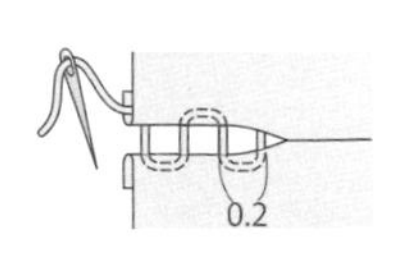

0.2

國家圖書館出版品預行編目資料

宮本邦子的貼布縫小時光：33 件可愛質感風格拼布 / 宮本邦子著；楊淑慧譯. -- 初版. -- 新北市：雅書堂文化事業有限公司, 2024.01
面； 公分. -- (拼布美學；50)
ISBN 978-986-302-695-2(平裝)

1.CST: 拼布藝術 2.CST: 手工藝

426.7 112020603

作者Profile
宮本邦子（みやもとくにこ）

在拼布教室開始學習拼布，之後當了10年的講師，開設了自己的商店及教室「キルト ルーム くうにん」。
2007年首次出版個人書籍。
2016年出版<心動瞬間!大人色的拼布日:43個外出必備的優雅拼布包>
(與其他作家合著。繁體中文版為雅書堂文化發行)
2020年商店及教室結束營運，現在以參加各地的活動及網路販售作品材料包、提供雜誌作品為主要活動。

PATCHWORK 拼布美學 50

宮本邦子的貼布縫小時光
33件可愛質感風格拼布

作　　者／宮本邦子
譯　　者／楊淑慧
發 行 人／詹慶和
執行編輯／黃璟安
編　　輯／劉蕙寧・陳姿伶・詹凱雲
執行美編／陳麗娜
美術設計／周盈汝・韓欣恬
紙型排版／造極
出 版 者／雅書堂文化事業有限公司
發 行 者／雅書堂文化事業有限公司
郵政劃撥帳號／18225950
戶　　名／雅書堂文化事業有限公司
地　　址／新北市板橋區板新路206號3樓
電　　話／(02)8952-4078
傳　　真／(02)8952-4084
網　　址／www.elegantbooks.com.tw
電子信箱／elegant.books@msa.hinet.net

2024年1月初版一刷　定價520元

Lady Boutique Series No.8326

經銷／易可數位行銷股份有限公司
地址／新北市新店區寶橋路235巷6弄3號5樓
電話／(02)8911-0825
傳真／(02)8911-0801

日文原書團隊

發行人／志村　悟
編輯人／和田尚子
編輯／名取美香　三城洋子
攝影／久保田あかね
書籍設計／牧陽子
描圖／松尾容巳子
作法校正／安彥由美
作品設計協助／佐藤典子
作品製作協助／佐藤典子　高林榮梨美

宮本邦子的貼布縫小時光

33件可愛質感風格拼布

宮本邦子的貼布縫小時光

33件可愛質感風格拼布

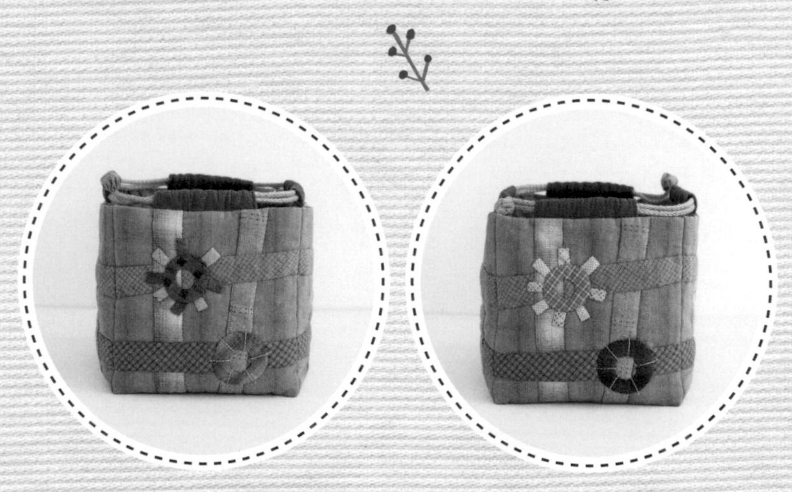

宮本邦子的貼布縫小時光

33件可愛質感風格拼布

宮本邦子的貼布縫小時光

33件可愛質感風格拼布